解　读　地　球　密　码

丛书主编　孔庆友

漂移的大陆
板　　块

Plates
Drifting Continents

本书主编　韩代成　宋晓媚

山东科学技术出版社

·济南·

图书在版编目（CIP）数据

漂移的大陆——板块 / 韩代成，宋晓媚主编 . -- 济
南：山东科学技术出版社，2016.6（2023.4 重印）
（解读地球密码）
ISBN 978-7-5331-8341-7

Ⅰ . ①漂… Ⅱ . ①韩… ②宋… Ⅲ . ①板块
构造 – 普及读物 Ⅳ . ① P541-49

中国版本图书馆 CIP 数据核字 (2016) 第 141386 号

丛书主编 孔庆友
本书主编 韩代成 宋晓媚

漂移的大陆——板块
PIAOYI DE DALU——BANKUAI

责任编辑：焦 卫 孙觉韬
装帧设计：魏 然

主管单位：山东出版传媒股份有限公司
出 版 者：山东科学技术出版社
　　　　　地址：济南市市中区舜耕路 517 号
　　　　　邮编：250003 电话：（0531）82098088
　　　　　网址：www.lkj.com.cn
　　　　　电子邮件：sdkj@sdcbcm.com
发 行 者：山东科学技术出版社
　　　　　地址：济南市市中区舜耕路 517 号
　　　　　邮编：250003 电话：（0531）82098067
印 刷 者：三河市嵩川印刷有限公司
　　　　　地址：三河市杨庄镇肖庄子
　　　　　邮编：065200 电话：（010）63347315

规格：16 开（185 mm×240 mm）
印张：6.25 字数：113 千
版次：2016 年 6 月第 1 版 印次：2023 年 4 月第 4 次印刷
定价：32.00 元

审图号：GS（2017）1091 号

普及地质科学知识、
提高民族科学素质

李廷栋
2016年元月

传播地学知识，弘扬科学精神，
践行绿色发展观，为建设
美好地球村而努力。

翟裕生
2015年10月

贺　词

　　自然资源、自然环境、自然灾害，这些人类面临的重大课题都与地学密切相关，山东同仁编著的《解读地球密码》科普丛书以地学原理和地质事实科学、真实、通俗地回答了公众关心的问题。相信其出版对于普及地学知识，提高全民科学素质，具有重大意义，并将促进我国地学科普事业的发展。

国土资源部总工程师 王清喵

　　编辑出版《解读地球密码》科普丛书，举行业之力，集众家之言，解地球之理，展齐鲁之貌，结地学之果，蔚为大观，实为壮举，必将广布社会，流传长远。人类只有一个地球，只有认识地球、热爱地球，才能保护地球、珍惜地球，使人地合一、时空长存、宇宙永昌、乾坤安宁。

山东省国土资源厅副厅长 王桂鹏

编著者寄语

★ 地学是关于地球科学的学问。它是数、理、化、天、地、生、农、工、医九大学科之一，既是一门基础科学，也是一门应用科学。

★ 地球是我们的生存之地、衣食之源。地学与人类的生产生活和经济社会可持续发展紧密相连。

★ 以地学理论说清道理，以地质现象揭秘释惑，以地学领域广采博引，是本丛书最大的特色。

★ 普及地球科学知识，提高全民科学素质，突出科学性、知识性和趣味性，是编著者的应尽责任和共同愿望。

★ 本丛书参考了大量资料和网络信息，得到了诸作者、有关网站和单位的热情帮助和鼎力支持，在此一并表示由衷谢意！

科学指导

李廷栋　中国科学院院士、著名地质学家
翟裕生　中国科学院院士、著名矿床学家

编著委员会

主　　任　刘俭朴　李　琥
副 主 任　张庆坤　王桂鹏　徐军祥　刘祥元　武旭仁　屈绍东
　　　　　刘兴旺　杜长征　侯成桥　臧桂茂　刘圣刚　孟祥军
主　　编　孔庆友
副 主 编　张天祯　方宝明　于学峰　张鲁府　常允新　刘书才
编　　委　（以姓氏笔画为序）
　　　　　卫　伟　王　经　王世进　王光信　王来明　王怀洪
　　　　　王学尧　王德敬　方　明　方庆海　左晓敏　石业迎
　　　　　冯克印　邢　锋　邢俊昊　曲延波　吕大炜　吕晓亮
　　　　　朱友强　刘小琼　刘凤臣　刘洪亮　刘海泉　刘继太
　　　　　刘瑞华　孙　斌　杜圣贤　李　壮　李大鹏　李玉章
　　　　　李金镇　李香臣　李勇普　杨丽芝　吴国栋　宋志勇
　　　　　宋明春　宋香锁　宋晓媚　张　峰　张　震　张永伟
　　　　　张作金　张春池　张增奇　陈　军　陈　诚　陈国栋
　　　　　范士彦　郑福华　赵　琳　赵书泉　郝兴中　郝言平
　　　　　胡　戈　胡智勇　侯明兰　姜文娟　祝德成　姚春梅
　　　　　贺　敬　徐　品　高树学　高善坤　郭加朋　郭宝奎
　　　　　梁吉坡　董　强　韩代成　颜景生　潘拥军　戴广凯
书稿统筹　宋晓媚　左晓敏

目 录
CONTENTS

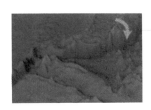

汇聚型板块边界/36

汇聚型板块边界是老地壳消亡的地方，包括三种不同的汇聚边界：大洋－大洋汇聚型、大洋－大陆汇聚型和大陆－大陆汇聚型。板块俯冲汇聚造就了世界著名的海沟、岛弧和高山等。

转换断层型板块边界/39

转换断层型边界是两个板块相互错动，做剪切运动的边界。板块没有新生亦没有破坏，为守恒性板块边界。转换断层型板块边界分割洋壳和陆壳。

Part 4 板块运动塑地貌

板块运动与大洋中脊/44

大洋板块由于被拉张，中间变薄，地幔软流层的物质上涌，形成大洋中脊。

板块运动与海沟/45

当大洋板块与大陆板块发生碰撞，大洋板块俯冲入地幔软流层时，在俯冲带上就会形成海沟。

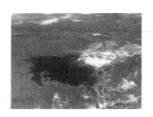

Part 5 板块运动致灾难

Part 6 板块运动成矿多

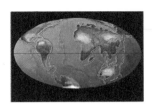

板块成矿作用/63

板块运动引发火山喷发、岩浆侵入、热力变质和动力变质，侵蚀、堆积亦都十分活跃，为板块边界区提供了最为丰富的成矿物质来源和能量来源，故造就了许许多多板块边界矿床区带。不同的岩浆活动和沉积作用，形成不同的矿床。

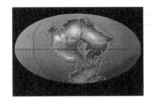

全球著名成矿域/71

区域成矿分布规律表明，许多矿床的形成是与岩石圈板块活动密切相关的。板块边界上火山喷发、岩浆侵入、热力变质等活动造就了丰富的成矿物质来源和能量来源。全球共划分出劳亚、冈瓦纳、特提斯、环太平洋4大成矿域和北美、地中海、喜马拉雅等21个巨型成矿区带。

Part 7 板块运动前瞻

板块运动前瞻/81

通过研究地球过去的历史，可以对地球的未来进行预测。根据"超大陆旋回"理论，可以描绘出未来到2.5亿年后地球外貌的变化，2.5亿年后地球将重现"终极盘古大陆"。地球板块"分久必合，合久必分"的态势将不断地持续下去。

参考文献/84

5

Part 1 板块理论概略谈

　　板块是板块构造学说所提出来的概念。板块构造学说认为，岩石圈并非整体一块，而是分裂成许多块，这些大块岩石称为板块。全球板块划分为六个大板块，大板块还可再划分为若干中小板块。20世纪60年代后期提出的板块构造学说掀起了地球科学的一场革命。板块构造学说建立的基础是大陆漂移学说和海底扩张学说。大陆漂移–海底扩张–板块构造三学说构成了板块理论的三部曲。

板块的概念

板块，这一术语系1965年威尔逊在论述转换断层时首先提出。因为在中脊与中脊、中脊与海沟、海沟与海沟之间都可以由转换断层连接起来，中脊、转换断层、海沟（或年轻造山带）这三种构造活动带就好似没有端点，它们连绵不断地从一种活动带转换成另一种活动带，直到最后封住自己的端部。这样，整个地球表壳（岩石圈）并不是连续完整的圈层，它被这几种首尾相接的活动带分割成若干大小不一的块体，叫作岩石圈板块，简称板块。

板块构造说的基本概念揭示了地球的表壳——岩石圈被裂解为若干巨大的板块，坚硬的岩石圈板块驮伏在塑性软流圈之上，横跨地球表面发生大规模水平运动。板块与板块之间，或相互分离，或相互聚合，或相互平移。在分离处，软流圈地幔物质上涌，冷凝成新的大洋岩石圈，导致板块增生；在聚合处，大洋板块俯冲至相邻板块之下，返回地幔，导致板块消亡。板块运动及其相互作用激起了地震和火山活动，带动了大陆漂移和大洋盆地的张开与关闭，也导致了多种地质构造作用。可以说，直至板块学说问世之后，地球科学家才第一次比较成功地回答了"地球是怎样活动的"这一重大问题。

板块构造的基本原理可归纳为以下四点：

（1）固体地球上层在垂向上可划分为物理性质截然不同的两个圈层：上部的刚性岩石圈和下垫的塑性软流圈。

（2）岩石圈在侧向上又可划分为若干大小不一的板块。板块是运动的，其边界性质有三种类型：①分离扩张型，伴随着洋壳新生和海底扩张；②俯冲汇聚型，伴随着洋壳消亡或大陆碰撞；③平移剪切型，沿着转换断层发生。地震、火山和构造活动主要集中在板块边界。

（3）岩石圈板块横跨地球表面的大规模水平运动，可用欧勒定律描绘为一种球面上的绕轴旋转运动。在全球范围内，板块随分离型边界的扩张增生，与随汇聚型边界的压缩消亡相互补偿抵消，从而使地球半径保持不变。

（4）岩石圈板块运动的驱动力来自地球内部，最可能是地幔中的物质对流。

板块构造说是一种全球构造理论。板块构造说认为，地球表层是由为数不多、大小不等的岩石圈板块拼合起来的，每个板块漂浮在地幔软流层之上，彼此能独立运动并相互挤压、摩擦与碰撞。

板块构造说在现代科学技术成就的基础上，继承并发展了大陆漂移和海底扩张的概念，对地球的演化得出的结论十分简洁：大陆的分合与大洋的启闭，实际就是岩石圈板块的生长、漂移、俯冲与碰撞的历史。它合理地解释了地球上绝大多数的地质现象与地质作用。它所取得的成就，具有划时代的意义。

地球不是均质体，其组成物质的分布呈同心圈层。大致以地壳表层为界，可分为地球的外部圈层和内部圈层。

地球的外部圈层指包围着地球表层的地球组成部分，根据其物理性质和状态的不同可分为大气圈、水圈和生物圈（图1-1、图1-2）。

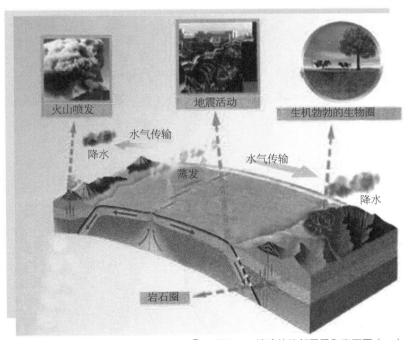

火山喷发

地震活动

生机勃勃的生物圈

水气传输

降水

蒸发

水气传输

降水

岩石圈

△ 图1-1 地球的外部圈层和岩石圈（一）

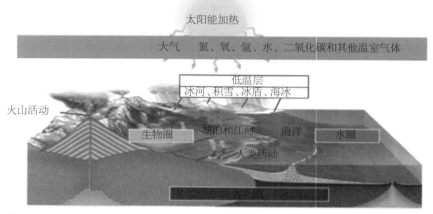

太阳能加热

大气　氮、氧、氩、水、二氧化碳和其他温室气体

低温层
冰河、积雪、冰盾、海冰

火山活动

生物圈　　湖泊和江河　　海洋　　水圈

人类活动

图1-2　地球的外部圈层和岩石圈（二）

板块的划分

法国学者勒皮雄在1968年将全球地壳划分为六大板块：太平洋板块、亚欧板块、非洲板块、美洲板块、印度洋板块和南极洲板块（图1-3）。

随着研究工作的进展，有人在勒皮雄的基础上从大板块中又分出许多小板块，

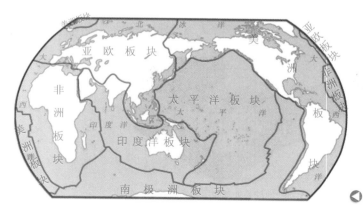

图1-3　全球六大板块

如在我国香港地理教科书中将全球分为七大板块：太平洋板块、亚欧板块、非洲板块、印度–澳大利亚板块、北美洲板块、南美洲板块和南极洲板块，以及六个较小的板块：阿拉伯板块、菲律宾海板块（又称菲律宾板块）、胡安·德富卡板块、科科斯板块、纳斯卡板块、加勒比板块（图1–4）。

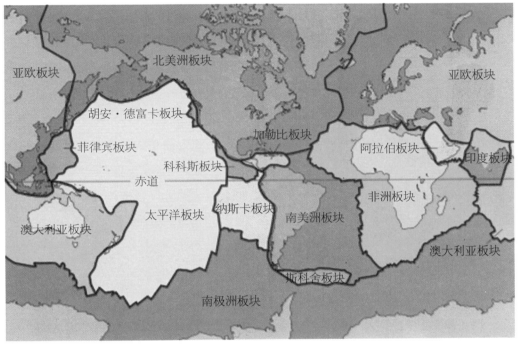

🔺 图1–4 香港地理教科书中的板块划分示意图

1. 地球的内部圈层结构

根据地震法、磁法、重力法等地球物理测量的资料和对地震波传播情况的研究可知，地球表面的密度为2.6~3.0克/立方厘米，而地球的平均密度为5.52克/立方厘米，这表明地球内部是不均匀的。地震波揭示地球内部存在两个界面，它将地球分为3个圈层，由外向内依次为地壳、地幔和地核（图1–5）。

2. 板块的划分

板块的划分是在20世纪60年代末期提出的。最初的划分方案比较粗简，随着板

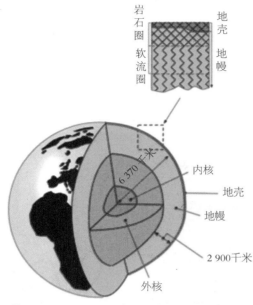

△ 图1-5 地球的内部圈层结构

块研究工作的深入，板块划分日益完善。目前，形成的划分体系有两大类：第一类，按照板块范围大小来划分；第二类，按照构成板块的岩石圈类型来划分。

（1）按照板块范围大小来划分

① 大板块

又称巨板块，专指全球性的、最初由勒皮雄（Le Pichon，1968）将全球划分成的六大板块，即亚欧板块、太平洋板块、印度洋板块、非洲板块、美洲板块和南极洲板块。除了太平洋板块基本由洋壳组成以外，其他各大板块都含有陆壳和洋壳。这些大板块朝一定方向的运动要持续几千万年，甚至上亿年，这就导致了板块边

界长时期的定向构造作用。

② 中板块

大板块内的次一级块体。它既可以是六大板块裂解的产物，也可以指虽然已与其他板块拼合在一起，但在地质历史上确曾独立存在过的板块。前者如地质文献中经常提及的菲律宾海板块和加勒比板块，后者如中朝板块。中板块的位移和转动取决于大板块的运动方式与方向。

③ 小板块

面积大体在10万平方千米以内的板块。这种板块通常出现在两个大陆板块之间，或大陆和岛弧的碰撞带中。如介于亚欧和非洲大陆之间的土耳其-爱琴海板块，介于澳大利亚与太平洋板块之间的新赫布里底板块和汤加板块等。此类板块具有较快的运动速率和较复杂的运动方式，但归根结底还是受控于大板块的运动。

④ 微板块

这是迄今为止板块构造学说认可的最小一级的板块，是研究板块内部构造时提出的。主要借助于卫星照片、古地磁数据、同位素年龄、地热流变化和岩石成分等进行划分。

（2）按照构成板块的岩石圈类型来划分

板块的全称是岩石圈板块，岩石圈包

括地壳和上地幔顶部。地壳的类型有大陆型地壳（或称陆壳，厚度在30~80千米之间）、大洋型地壳（或称洋壳，厚度在5~15千米之间）、过渡型地壳（厚度介于15~30千米之间）。岩石圈的划分和地壳的类型一致，即将岩石圈划分为大陆岩石圈、大洋岩石圈和过渡岩石圈。由于板块即岩石圈板块，也就随之有了三种板块类型。

① 大陆岩石圈板块（或称陆壳板块、大陆板块）

以地盾和地台区的岩石圈为代表，厚度150~200千米。上部是有花岗质岩层的大陆地壳，下部的地幔盖层是已分离出较多玄武质岩浆后的残余部分。陆壳板块一般密度较小，位置较高。如伊朗板块、印度板块、阿拉伯板块、土耳其板块即为大

陆岩石圈板块。

——地学知识窗——

岩石圈

岩石圈（Lithosphere）是地球上部相对于软流圈而言的坚硬的岩石圈层。厚度60~120千米，为地震波高速带。包括地壳的全部和上地幔的顶部（图1-6），由花岗质岩、玄武质岩和超基性岩组成。其下为地震波低速带、部分熔融层和厚度100千米的软流圈。

② 大洋岩石圈板块（或称洋壳板块、大洋板块）

以大洋盆地的岩石圈为代表，厚度约为80千米。顶部是很薄的大洋地壳，下部的地幔盖层是较少贫化玄武岩的地幔。密

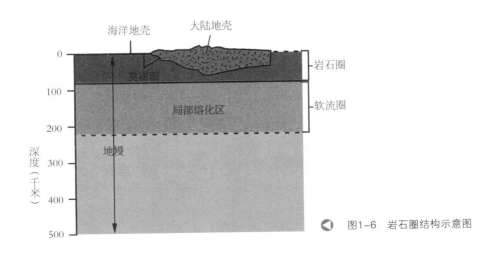

图1-6 岩石圈结构示意图

度较大、位置较低是洋壳板块的普遍特点。大洋岩石圈板块有太平洋板块、菲律宾海板块、纳兹卡板块、可可板块、加勒比板块等。

③ 过渡型岩石圈板块（或称过渡壳板块）

过渡型岩石圈的顶部是过渡型地壳，下部的地幔盖层中往往有地震波速异常的地幔存在。很多特征介于大陆和大洋岩石圈板块之间。

需要强调的是，以几个大陆为核心的大板块都是既有大陆岩石圈，又有大洋岩石圈和过渡型岩石圈，具有复杂的结构。例如，非洲板块由中央的大陆岩石圈和四周的大洋岩石圈构成，这类板块习惯上也简称为大陆板块。

3. 板块的分布

六大板块中除太平洋板块几乎全为海洋外，其余五个板块既包括大陆又包括海洋。

（1）太平洋板块

太平洋板块包括大部分的太平洋（包含美国南加州海岸地区），东以太平洋海隆为界，北、西、西南都为深海沟，与阿留申岛弧、日本岛弧、菲律宾板块和印度板块接界，南部以海岭同南极洲板块相接。

太平洋板块是一块海洋地壳板块，大部分位于太平洋海面下。它是法国地质学家勒皮雄1968年首次提出的六大板块之一，自提出以来，其范围基本没有大的变动。太平洋板块的东北面与探险家板块、胡安·德富卡板块以及戈尔达板块之间具有张裂型板块边界，分别形成探险家海岭、胡安·德富卡海岭和戈尔达海岭。中部东面与北美洲板块之间沿着圣安地列斯断层形成转换边界，并与里维拉板块和科科斯板块形成张裂型边界。东南面则与纳斯卡板块形成张裂型边界，即东太平洋海隆。探险家板块、胡安·德富卡板块、戈尔达板块、里维拉板块、科科斯板块和纳斯卡板块都是古法拉龙板块的残余。南面与南极板块之间也是张裂型边界，形成太平洋-南极洋脊（Pacific-Antarctic Ridge）。西面与欧亚板块之间存在聚合型板块边界，其中靠北方的一边沉入隐没于欧亚板块之下，中间部分则与菲律宾板块形成马里亚纳海沟。西南面与印度-澳大利亚板块（印澳板块）形成复杂但主要为聚合型的边界，并于新西兰北方潜没于印澳板块之下，两者之间造成了一个转换边界，形成Alpine断层。更往南一点，则是印澳板块沉入太平洋板块下方。北面沉入北美板块，为聚合型边界，并形成阿留申海沟与邻近的阿留申群岛。

（2）亚欧板块

亚欧板块包括北大西洋东半部、欧洲及亚洲（包括中南半岛，不包括阿拉伯半岛、印度半岛），其范围是西太平洋海沟系以西、喜马拉雅-阿尔卑斯山脉以北、大西洋中脊以东和北冰洋中脊以南。新生代早期，该板块与印度板块和非洲板块沿雅鲁藏布江-阿尔卑斯带碰撞，白垩纪晚期与北美洲板块分离，与太平洋板块发生汇聚的时代不晚于侏罗纪。亚欧大陆板块的东至北缘与北美洲板块和太平洋板块交界，形成维科扬斯克山脉及日本岛弧。东至南缘与太平洋板块的菲律宾海板块交界，形成琉球岛弧及吕宋岛弧，并可能存在鄂霍次克板块（Okhotsk Plate）及黑龙江陆板块（阿穆尔大陆板块，Amurian Plate）与之交界。南至西缘则与非洲板块交界，分界线为地中海，交界之中有阿拉伯板块，分界线为札格洛斯山脉。东则为印澳大陆板块（或分为印度板块及澳洲板块），分界线形成喜马拉雅山脉。西缘与北美大陆板块的分界线形成大西洋中洋脊的北端。

（3）非洲板块

非洲板块包括非洲、南大西洋东半部；其范围介于大西洋中脊南段以东，印度洋中脊以西，印度洋中脊西南支以北和阿尔卑斯山以南。该板块在早白垩纪同南美板块分离。在大西洋中脊扩张的推动下，非洲板块向北漂移，与欧亚板块碰撞，形成了欧洲南部的阿尔卑斯造山带。目前地震和大地测量等资料表明，非洲板块仍然在向欧亚板块之下俯冲。

（4）美洲板块

美洲板块包括北美洲、北大西洋西半部及格陵兰、南美洲与南大西洋西半部。它的西部边界为圣安德烈斯转换断层、中美海沟、秘鲁-智利海沟等，东部边界为大西洋中脊。后来它又被进一步分为南美板块和北美板块。

（5）印度洋板块

印度洋板块包括印度洋的北部、中东部和东南部、印度半岛以及大洋洲的大陆、岛屿及邻近的海洋。印度洋板块形成于9 000万年以前的白垩纪，自非洲东部的马达加斯加分离，每年向北漂移15厘米，在5 000万到5 500万年以前的新生代的始新世时期与亚洲撞合，这一时期，印度洋板块移动了2 000~3 000千米的距离，比已知的任何板块移动的速度都要快。

（6）南极洲板块

南极洲板块简称南极板块，是一块包括南极洲和周围洋面的板块，面积约169万平方千米，正以每年1厘米的速度向大西洋移动。

板块构造理论三部曲

1. 大陆漂移学说

1492年至1502年，意大利航海家哥伦布四次横渡大西洋，发现美洲新大陆。欧洲探险家、科学家纷纷参与环球航行与探险考察，促进了地理的大发现，使全球地图绘制得更加精确，并拓展了人们对全球地貌、地质、生物多样性及物种分布的认知，引起了人们对地球演化的思考。1596年，法兰德斯（现比利时北部）地图学家奥特利乌斯最早提出大陆漂移假说。1858年，法国地理学家史奈德也曾在《地理百科全书》中提及"美洲"或是"因地震与潮汐而从欧洲及非洲分裂出去的"，但这些还都只是一些朦胧的猜想。1620年，英国哲学家、政治家弗朗西斯·培根也曾在新绘制的世界地图上观察到，南美洲东岸和非洲西岸可几近完美地拼合在一起，但并没有引起他更深入的思考。历史将机会留给了一位德国年轻人魏格纳（图1-7）。魏格纳在科隆高中毕业后进入柏林路德维西·威廉姆斯大学（现柏林洪堡大学的前身）攻读物理、天文和气象学，在理论天文学家鲍兴格教授的指导下于1905年获天文学博士学位。他喜欢思考和冒险，勇敢而执着，对气象、气候学有着强烈的兴趣，并致力于大气热力学和古气候研究，曾利用挂有吊笼的气球升空追踪气团研究大气现象，他撰写的气象热力学著作成为当时大学的经典教科书。

图1-7　魏格纳
（1880—1930）

1906年，魏格纳还曾与年长两岁的哥哥库尔德搭乘气球在德国上空创下滞空52.5小时的世界纪录。他多次赴格陵兰冰原参与探险考察，研究极地大气环流，还曾与科赫在格陵兰东北部冰原上首次用螺旋钻钻取了25米冰芯，研究古气候变化。但他的兴趣不仅局限于此。1910年的一天，时年30岁的魏格纳因身体欠佳，躺在床上休息。看着墙上的世界地图，意外地发现大西洋两岸的大陆轮廓竟可以相互契合，他就想到非洲大陆与南美洲大陆可能曾经是贴合在一起的原始大陆，由于地球自转的分力或天体引力而分裂、漂移，才形成如今被大西洋分割的现状。1911年秋，魏格纳偶尔看到一篇有关"陆桥说"的论文，尽管他并不相信大陆之间曾经存在所谓"陆桥"的假说，但却受到文中提及的分处大西洋两岸的南美洲和非洲发现的古生代化石分布相关联现象的鼓舞，于是，他开始搜集资料来验证自己关于大陆漂移的设想。他首先分析了大西洋两岸的山系和地层，结果令人振奋：北美洲纽芬兰一带的褶皱山系与欧洲北部的斯堪的纳维亚半岛的褶皱山系遥相呼应，暗示北美洲与欧洲以前曾经"亲密接触"；美国阿巴拉契亚山的褶皱带，其东北端没入大西洋，延伸至对岸又在英国西部和中欧一带

出现；非洲西部早于20亿年前的古老岩石分布区与巴西的古老岩石区遥相衔接，二者的构造也彼此吻合；与非洲南端的开普勒山脉的地层相对应的，是南美的阿根廷首都布宜诺斯艾利斯附近的山脉中的岩石等。除了大西洋两岸的证据，魏格纳还发现了非洲和印度、澳大利亚等大陆之间也有地层构造之间的联系，而且这种联系大都限于2.5亿年以前的中生代地层构造。魏格纳又考察了大洋两岸的化石。在他之前，古生物学家就已经发现，在远隔重洋的大陆之间，古生物物种也有着密切的亲缘关系。例如，中龙是一种生活在远古时期陆地淡水中的小型爬行动物，它的化石既可以在巴西石炭纪到二叠纪地层中找到，也出现在南非的同类地层中。淡水中龙是如何游过大西洋的？更有趣的是一种庭园蜗牛化石，既存在于德国和英国等地，也分布于大西洋彼岸的北美洲。它们又是如何跨越大西洋的万顷波涛的？要知道当时鸟类尚未在地球上出现。还有一种古蕨类植物化石——舌羊齿，竟然同样分布于澳大利亚、印度、南美、非洲等地的晚古生代地层中。

古代冰川的分布也支持魏格纳的设想。距今约3亿年的晚古生代，在南美洲、非洲、澳大利亚、印度和南极洲，都

曾发生过广泛的冰川作用，可以从冰川的擦痕判断出古冰川的流动方向。从冰川遗迹分布的规模与特征判断，当时的冰川多是在极地附近产生的大陆冰川，而南美、印度和澳大利亚的古冰川遗迹却是在大陆边缘地区，而且运动方向是从海岸指向内陆的。按照常识，冰川不可能由低向高运动，说明这些大陆上的古冰川并非源于本地，只能设想当时大陆曾经连接在一起，整个古大陆位于南极附近。冰川中心处于非洲南部，古大陆冰川由中心向四方呈放射状流动，才能合理地解释古冰川的分布与流动特征。这一现象曾使地质学家们一筹莫展，却为大陆漂移学说提供了有力佐证。

其他如对蒸发盐、珊瑚礁等古气候标志和热带植物形成的煤炭贮藏等，都可推

🔺 图1-8 魏格纳的《大陆与大洋的起源》

断出它们形成的年代和纬度，但往往与其今天所在的位置相矛盾，这也说明大陆曾经发生过漂移。在大量证据和严谨分析研究的基础上，1912年1月6日，魏格纳在法兰克福森根堡自然博物馆地质学会上作了《大陆的起源——关于地表巨型特征大陆与海洋的基于地球物理的新概念》的讲演，第一次提出了大陆漂移学说，4天后他又在马堡召开的自然科学促进会上重申了他的学说。1915年魏格纳的代表作共94页的《大陆与大洋的起源》（图1-8）德文版正式出版。

在这本不朽的著作中，魏格纳提出，在中生代以前地球表面存在一个连成一体的泛古陆，由较轻的含硅铝质的岩石如玄武岩组成，它像冰山一样漂浮在较重的含硅镁质的岩石如花岗岩之上，周围是辽阔的海洋，后来或是在天体引力和地球自转离心力的作用下，古陆发生了分裂、漂移和重组，大陆之间被海洋分隔，才形成了今天的海陆格局。魏格纳的大陆漂移学说震撼了当时的科学界，但招致的攻击远大于支持。因为如若假说成立，整个地球科学的理论就要被改写，因此必须有充分的经得起检验的证据。另一方面，魏格纳是一位天文学博士，主要研究气象和古气候，并非地质和地球物理学家。在不是自

己本行的研究领域发表如此标新立异的观点，人们对其科学性难免产生怀疑。最主要的还是：大陆漂移的动力学机制尚未得到合理解释和证实。魏格纳认为可能是由于天体引力和地球自转的作用力，使得漂浮在硅镁质大洋基岩上的硅铝质大陆发生了漂移。但根据当时物理学家们的计算，依靠这些力根本不可能推动广袤沉重的古大陆。魏格纳的"大陆漂移学说"当时只得到南非地质学家迪图瓦和英国地质学家阿瑟·霍姆斯等极少数科学家的支持，而遭到多数笃信大陆固定说的同行专家们的抵制与否定。1930年11月，魏格纳在第四次深入格陵兰冰原考察时不幸遇难，长眠于冰天雪地之中，年仅50岁。直到魏格纳去世30年后，基于海洋洋底地貌、地质、地球物理和地球化学研究获得的新证据，海底扩张学说兴起，板块构造学说创立，才终于使大陆漂移学说（图1-9）得到公认。

2. 海底扩张学说

20世纪50年代以后，美国地质学家H.H.赫斯（图1-10）于1960年首先提出海底扩张学说。随后，R.S.迪茨于1961年也用海底扩张作用讨论了大陆和洋盆

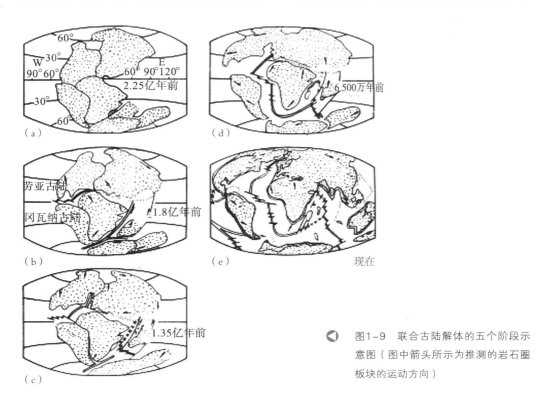

图1-9 联合古陆解体的五个阶段示意图（图中箭头所示为推测的岩石圈板块的运动方向）

13

图1-10 H.H.赫斯（1906—1969）

---地学知识窗---

大洋中脊

大洋中脊又称中央海岭，是一条在海洋中延伸的巨大海底山脉，它是海底扩张的中心，也是新生海洋地壳的出生地。洋壳在大洋中脊出生，在板块与板块的撞击中消亡。

的演化。他们被公认为海底扩张学说的创立者。

赫斯毕业于耶鲁大学，1932年获哲学博士学位，他曾在普林斯顿大学任教。二次大战期间，他应征加入海军，成了"开普·约翰逊"号的舰长。职务的转换并未改变他揭示海洋奥秘的理想。他利用在太平洋巡航的机会，用声呐对洋底进行探测，获得了大量洋底地貌数据。在整理分析这些数据时，他发现在大洋底部有连续隆起像火山锥一样但顶部平坦的山体。战后赫斯回到普林斯顿大学执教并继续研究，他发现，同样的海底平顶山，离大洋中脊近的较为年轻，山顶离海面较浅；离大洋中脊远的，地质年代较老，山顶离海面也较深，他对这种现象甚为困惑。

赫斯分析了当时最新的海洋地质研究成果，如大洋中脊体系、海底沉积物带、

海底热流异常、地幔对流等，1960年他在普林斯顿大学非正式刊物上首次提出了海底扩张学说。明确指出地幔内存在热对流，大洋中脊正是热对流上升使海底裂开之处，熔融岩浆从这里喷出，遇水冷却凝固，将已存老洋壳不断向外推移造成海底扩张。在扩张过程中当其边缘遇到大陆地壳时受到阻碍，于是海洋地壳向大陆地壳下俯冲重新插入地幔，最终被地幔熔融吸收，达到消长平衡，从而使洋底地壳在2亿~3亿年间更新一次。1962年他正式发表论文《海洋盆地历史》。赫斯在论文的引言中说："我的这一设想可能需要很长时间才能得到完全证实，因此，与其说这是一篇科学论文，倒不如说是一首地球的诗篇。"迪茨是美国海军电子实验室的一名科学家，他曾参加过美国海军的海洋探测和海洋地磁填图工作，他在菲律宾以东的

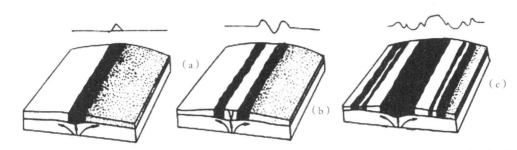

图1-11　海底磁异常条带形成示意图（据W.K.Hamblin,1975），黑色代表正向磁化，白色代表反向磁化

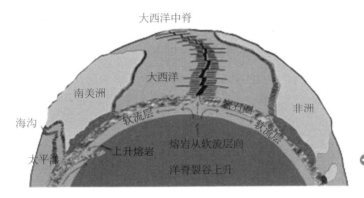

图1-12　海底扩张及板块构造（据P.J.Wyllie, 1975）

马里亚纳海沟也发现了类似的现象，1961年他在《自然》杂志发表文章，也独立提出了海底扩张的观点。1963年F. J.瓦因和D.H.马修斯用地磁场极性周期性倒转的地磁反向周期特征，对印度洋卡尔斯伯格中脊和北大西洋中脊的洋底磁异常特征作了分析。大洋中脊区的磁异常呈条带状，正负相间平行于中脊的延伸方向，并以中脊为轴呈两侧对称（图1-11），如磁带一般记录了洋底扩张的过程，有力佐证了洋底是从大洋中脊向外扩张的事实。

随着海洋地质科学的发展，人们钻取岩芯，用放射性同位素测定大陆和海底岩石纪年，发现大陆除沉积岩外，主要由花岗岩类物质组成，最老岩石年龄在30亿年以上，已经发现有37亿年以前的岩石，平均厚约35千米，最厚处达70千米以上。

海底主要由玄武岩组成，都很年轻，一般不超过2亿年，平均厚5~6千米。而且离大洋中脊愈近，年代愈近，并在大洋中脊两侧大体呈对称分布。大西洋与太平洋的扩张情况（图1-12）有所不同，大

15

西洋在大洋中脊处扩张，两侧与相邻的陆地一起向外漂移，不断展宽；而太平洋底在东部大洋中脊处扩张，在西部的海沟处潜没，因为潜没的速度比扩张的速度快，所以逐步缩小。海底扩张说可以解释大陆漂移的动力学机制，使大陆漂移学说重新兴起，主张地壳存在大规模漂移运动的观点取得了胜利，也为板块构造学说的建立奠定了基础。

3. 板块构造学说

1967—1968年，美国普林斯顿大学的地球物理学家摩根（图1-13）、英国剑桥大学的地球物理学家麦肯齐（图1-14）和帕克（图1-15），以及当时在拉蒙特地质观测所工作的法国地球物理学家勒皮雄（图1-16）联合发表了几篇论文，他们在大陆漂移学说和海底扩张学说的基础上，又根据对大量的海洋地质、地球物理、海底地貌等资料的综合分析，提出了地球板块构造学说。

板块构造学说是现代最盛行的全球构造理论。该学说认为地球的岩石圈不是整体一块，而是被地壳的生长边界如大洋中脊和转换断层、地壳的消亡边界海沟以及造山带，地缝合线等构造带分割成许多构造单元，这些构造单元叫作板块。勒皮雄将全球地壳划分为六大板块，即太平洋板块、亚欧板块、非洲板块、美洲板块、印度洋板块（包括澳洲）和南极洲板块。其中，太平洋板块几乎完全是海洋，其余五大板块都包括大块陆地和大面积海洋。大板块还可划分成若干次一级的小板块，如美洲大板块可分为南、北美洲两个次板块，菲律宾、阿拉伯半岛、土耳其等也可作为独立的小板块等。一般来说，板块内部的地壳比较稳定，板块与板块之间的交界处是地壳比较活动和不稳定的地带，往往是地震活跃区。地球表面的基本面貌是

▲ 图1-13 摩根　　▲ 图1-14 麦肯齐　　▲ 图1-15 帕克　　▲ 图1-16 勒皮雄

由板块相对移动而发生彼此碰撞、挤压和断裂形成的。据地质学家估计，大板块每年可以移动1—6厘米，速度虽然很小，但经过亿万年后，地球的海陆面貌就会发生巨大的变化。当两个板块逐渐分离时，在分离处即可出现新的凹地和海洋；地幔物质的对流上升也在大陆深处进行着，在上升流涌出的地方，岩石圈发生裂解，形成裂谷和海洋，东非大裂谷和大西洋就是这样形成的。当大洋板块和大陆板块相互碰撞时，大洋板块因密度大、位置较低，便俯冲到大陆板块之下插入到地幔之中，在俯冲地带由于拖曳作用形成深海沟。大洋地壳被挤压弯曲超过一定限度就会发生断裂，发生地震，最后洋壳被挤到700千米以下，被处于高温熔融状态的地幔物质所熔化吸收。大陆板块受挤上拱，隆起形成海岸山脉，上地幔中的大量熔融物质又会以中酸性岩浆的形式上涌而形成火山岛弧。太平洋西部的深海沟和岛弧链，就是太平洋板块与亚欧板块相撞形成的。太平洋周围分布的岛弧、海沟、大陆边缘山脉和火山、地震正是这样形成的。

根据板块学说，大洋的发展可分为胚胎期（如东非大裂谷）、幼年期（如红海和亚丁湾）、成年期（如大西洋）、衰退期（如太平洋）与终了期（如地中海）。

大洋的发展与大陆的分合是相辅相成的。在新元古代约10亿年前时，地球上曾存在一个泛大陆，即罗迪尼亚（Rodinia）大陆。以后发生分离，到古生代早期，泛大陆分裂为南北两大古陆，北为劳亚古陆，南为冈瓦纳古陆。到古生代末期的石炭—二叠纪（约2.5亿年前），再次形成基本相连的盘古（Pangea）大陆。以后，这个古陆又发生分离、漂移，陆块之间的距离越来越远，并逐渐发展成现代的印度洋、大西洋等巨大的海洋。而大陆则是由不同时代的板块不断发生漂移、挤压、碰撞、断裂、拼合、隆起和增生演化形成的。

在两个大陆板块相碰撞处，常形成巨大的山脉。到5 000多万年前的新生代早期，由于印度板块已向北漂到亚欧大陆的南缘，两者发生碰撞，青藏高原隆起，造成宏大的喜马拉雅山系，古地中海东部完全消失；非洲继续向北推进，古地中海西部逐渐缩小到现在的规模，欧洲南部被挤压成阿尔卑斯山系；南、北美洲在向西漂移过程中，它们的前缘受到太平洋地壳的挤压，隆起为科迪勒拉山系，同时两个美洲在巴拿马地峡处复又相接；澳大利亚大陆脱离南极洲，向东北漂移到现在的位置。于是，海陆的基本轮廓发展成现在的模样。

Part 2 板块运动纵横谈

漂浮在地幔软流层之上的板块随着软流层的活动而发生的水平运动即为板块运动。板块运动经历了怎样的路径？板块运动的动力来自哪里？板块运动有哪些证据？上述疑问都将在本章中得到答案。

板块运动，作为地质学专业术语，一般是指地球表面一个板块对于另一个板块的相对运动。地球上的这些板块，都漂浮在具有流动性的地幔软流层之上。随着软流层的运动，各个板块也会发生相应的水平运动，这就是板块运动（图2-1）。

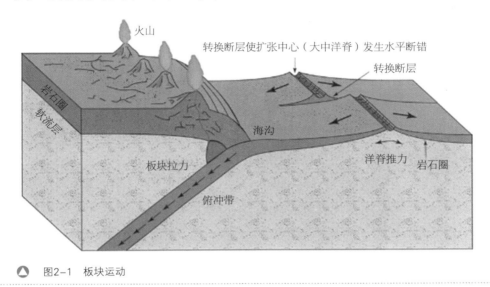

图2-1 板块运动

板块运动的路径

1. 泛大陆

泛大陆是一个设想的曾在地史上存在的超级古大陆，也称联合古陆，是德国气象学家魏格纳于1912年首先命名的。

魏格纳创立的大陆漂移学说，反驳了固定论者的冷缩说、陆桥说和大陆永存说。他认为现在的各大陆在古生代晚期曾是一个统一的巨大陆块，后来开始分裂和漂移，最后成为现代的状态。他以大陆坡的上限（海平面以下200米深处）为大陆边界，拼合绘制了晚石炭世联合古大陆的复原图。在复原图上，阿拉伯半岛、印度—喜马拉雅地区都与欧亚大陆相连，印度半岛东岸与澳大利亚相连，其东有一个不大的海湾。

20世纪30年代，南非地质学家A.L.迪图瓦作了比魏格纳更精确的拼合，认为在大陆解体漂移之前曾形成的不是一个而是两个超级大陆，即北半球的和南半球的。

不少学者根据地质学和古地磁学资料，进一步论证和拼接联合古陆。1958年，澳大利亚学者S.W.凯里证明，以大陆坡中点（海平面下2 000米）等深线为界，南美洲与非洲的外形几乎可以完全拼合。1965年，地球物理学家Sir E.C.布拉德等，首次应用电子计算机技术拼接各大陆，认为1 000米等深线拼合效果最好。1970年，美国学者R.S.迪茨和J.C.霍尔登结合古地磁资料，用绝对地理坐标绘制了一套自古至现代和未来5 000万年的大陆漂移图。他们认为，二叠纪时地球上只有一个联合古陆，还有一个古太平洋和一个古地中海（特提斯海或称特提斯洋）。W.L.斯托克斯在《地史纲要》一书给出的古大陆变迁史，揭示了古大陆漫长的演变过程。

（1）罗迪尼亚泛大陆

罗迪尼亚泛大陆是由许多很古老的陆块漂移拼合在一起的，它的形成过程被称为格林维尔事件。后来，罗迪尼亚泛大陆又开始分裂，各个陆块四散漂移。到了5.7亿~5.5亿年前时，先后从罗迪尼亚泛大陆漂离出来并散布在南半球的陆块又陆续聚合成另一个大陆，叫作冈瓦纳古陆。它是由南极大陆、非洲、南美洲、印度次大陆等单元构成的。冈瓦纳古陆的形成过程称为泛非事件。

罗迪尼亚泛大陆的其余部分则叫作劳亚古陆，它是由加拿大地盾、格陵兰地盾、波罗的海地盾（包括科拉半岛）和西伯利亚地台（俄罗斯地台）组成的。巨大的冈瓦纳古陆当时大约位于南极点到南纬30°之间。到1.5亿年前的时候，冈瓦纳古陆又分裂瓦解，其中的印度洋板块远渡重洋，碰撞在古欧亚大陆上，形成喜马拉雅山脉和青藏高原。

（2）盘古大陆

假想的原始大陆，也叫泛古陆（图2-2）。源出希腊语Pangaia，意为整个陆地。由德国气象学家魏格纳于1912年提出，作为其大陆漂移学说的一部分。

根据这个学说，盘古大陆由大陆的硅铝层（花岗岩）组成，这一层同一种

——地学知识窗——

冈瓦纳古陆

冈瓦纳古陆是一个假设的存在于南半球的古大陆，又称南方大陆或冈瓦纳大陆，它因印度中部的冈瓦纳地方而得名，包括今南美洲、非洲、澳大利亚、南极洲、印度半岛、阿拉伯半岛、中南欧以及中国的喜马拉雅山等地区。上述各大陆被认为在古生代及以前时期曾经连接在一起，在中生代开始解体，新生代期间逐渐迁移到现今位置。

密度较大的物质即所谓的硅镁层（玄武岩）保持均衡。据推测这个原始大陆约占地球表面积的一半，周围是原始太平洋。三叠纪（约2.45亿~2.08亿年前）时盘古大陆开始解体，裂开的断块劳亚古陆（Laurasia）即今日的北半球，而冈瓦纳古陆（Gondwanaland）即今日的南半球。此两古陆渐渐漂移分开，并形成大西洋。

（3）终极盘古大陆

由于板块运动不断地进行，地质学家预测大陆将会再度形成一个超大陆，

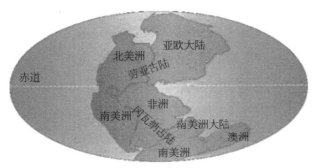

▲ 图2-2 盘古大陆

这个超大陆被称为终极盘古（Pangea Ultima），预测在2.5亿年后形成。

2. 泛大洋

（1）泛大洋简介

泛大洋（Panthalassa）又译泛古洋、盘古大洋，在希腊文中意为"所有的海洋"，是个史前巨型海洋，存在于古生代到中生代早期，环绕着盘古大陆（图2-3）。

泛大洋包含太平洋与特提斯洋的前身。随着特提斯洋的隔离、盘古大陆的分裂（导致大西洋、北极海、印度洋的出现），残余的泛大洋演变成为太平洋。

（2）泛大洋的形成

在9亿年前，一个三向联结构造（Triple Junction）的地堑形成，使得罗迪尼亚大陆开始分裂。罗迪尼亚大陆在8亿到7亿年前分裂为南、北两个大陆，泛

图2-3 环绕盘古大陆的蓝色区域即是泛大洋

大洋从中开始形成。在南半球的劳亚大陆西部（现今的北美洲），与此次分裂有关的构造成为拗拉谷（Aulacogen），在劳亚大陆西部形成大型沉积盆地。原本环绕罗迪尼亚大陆的Mirovia洋，随着泛非洋与泛大洋的扩张而开始缩小。在6.5亿到5.5亿年前，新的超大陆潘诺西亚大陆开始形成，潘诺西亚大陆呈倒V字形，其内侧是泛大洋，外侧则是泛非洋以及Mirovia洋的残余部分。

泛大洋的大部分海盆与海洋地壳已经隐没至北美洲板块与欧亚板块下方。泛大洋板块的残余部分可能有胡安·德富卡板块、戈尔达板块、科科斯板块以及纳斯卡板块，以上四者都为法拉龙板块的残余部分。在盘古大陆分裂、特提斯洋被隔离后，泛大洋形成太平洋。

3. 板块运动的路径

板块的界限是大洋中脊、海沟或大断层。所有的板块都漂浮在处于对流运动中的地幔软流层物质之上。

前面讲过，当两大板块相互靠拢并发生碰撞时，会在碰撞的地方发生挤压和抬升，成为高大险峻的山脉。喜马拉雅山就是3 000多万年前印度板块从南向北碰撞，亚欧板块受挤压并抬升而形成的。有时也会发生这样的事情：当两个坚硬的板块发生碰撞时，接触部分的岩层还没有来得及发生弯曲变形，一个板块就已经深深插入另一个板块的下面，加上碰撞的力量很大，使插入的部位很深，结果把插入板块的老岩层一直带入高温、高压的地幔软流层中，很快融化成岩浆，这样，在板块向地壳深处插入的部位形成了很深的海沟，如太平洋西部的马里亚纳海沟深达1万多米，是世界各大洋底部最深的地方。

板块在约2亿年前以泛大陆和泛大洋形式存在于地球之上，由于板块在不停地缓慢移动，经过了2亿年的漫长历程，形成了现在的地球格局。从下面的大陆漂移

——地学知识窗——
海　沟

　　海沟（Trench）是位于海洋中的两壁较陡、狭长的、水深大于5 000米的沟槽，是海底最深的地方，最大水深可达到1万多米（马里亚纳海沟深达11 034米）。

于高纬度偏向于两极位置，经过2亿年的漫长漂移，逐步集中于赤道附近，特别是现今的非洲大陆非常明显，已经位于地球的赤道附近了。②各大陆板块存在东西向的位移。如美洲大陆（包括北美洲和南美洲）在经过长时间的大陆漂移过程后，逐步向西运动，由原来的联合古陆逐步分离，与欧亚大陆和非洲大陆的距离越拉越大，中间存在大西洋，大西洋依旧在不断地扩张，美洲大陆与欧亚和非洲大陆之间的距离也将越拉越大。

　　另外，澳洲大陆的东西向位移亦非常

过程示意图（图2-4）中不难看出，大陆漂移的路径存在两个特点：①大陆板块由两极向赤道移动，即从高纬度向低纬度移动。欧亚大陆和非洲大陆2亿年前基本处

▲　图2-4　大陆漂移过程示意图

明显。从图上不难看出，澳洲大陆在近2亿年的漫长漂移过程中有向东漂移的趋势，逐步脱离非洲大陆。按照20世纪70年代后期的测定，全球板块运动速度从2.0厘米/年（红海）到18.3厘米/年（南太平洋）不等。

板块运动的证据

魏格纳提出了大陆漂移学说，并从大陆轮廓、古地磁、古岩性、古生物学、古气候学等多学科的不同角度进行了严格的论证和考察，发现了一大批重要的证据。他的大陆漂移学说是震撼世界的伟大的地质之歌。经过后人近一个世纪的艰苦研究和探索，又发现了更多进一步证明板块运动的证据。

1. 大陆边界轮廓吻合

大陆漂移的理论，首先来自地图上，大西洋两岸的轮廓相互对应：南美洲东海岸的凸出、凹进部分，分别与非洲西海岸的凹进、凸出部分相吻合（图2-5）。这个现象曾使科学家怦然心动，而又迷惑不解。如果将它们拼在一起，不就是一块完整的大陆吗？莫非南美洲大陆与非洲大陆原来是连接在一起的，只不过后来才被分开了？魏格纳在1910年，也是由此萌生了

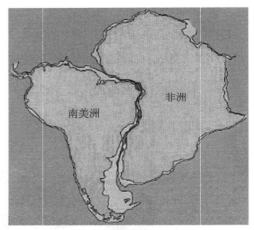

▲ 图2-5　南美洲和非洲拼合示意图

大陆漂移的思想。随着海洋地质资料的丰富，到1969年，人们发现南极洲、大洋洲和印度都能大致拼合在一起。而且，大洋洲和南极洲的吻合程度比大西洋两岸的两个大陆更完美。

2. 古地磁极游移轨迹吻合

由古地磁测出的古地磁极位置在地

质历史时期内不断变化着。若大陆固定，古地磁极位置不变，那么各大陆所有时代的岩石剩余磁性所指示的平均地磁极位置都应和现代地理极位置一致。但是事实并非如此。20世纪50年代，英国的朗科恩等首先测定出英格兰和其他欧洲国家从前寒武纪以来每一地质时期古地磁极的平均位置，其连线是一条平滑曲线，称为古地磁极游移轨迹或古地磁极游移路线。这一现象用大陆漂移可作出合理的解释（图2-6）。

3. 岩石与地层一致

美国阿巴拉契亚山脉的褶皱带，其东北端没入大西洋，延至对岸在英国西部一带出现。大多数的山脉，都与现在的喜马拉雅山、洛基山和阿尔卑斯山一样，是由

沉积物形成的岩石组成的。在南美洲的圭亚那及其周围有一个地层，自从它在10亿年前形成以来，虽然已经有一半以上的山体被剥蚀掉了，但是它的沉积物至今仍然广布100多万平方千米，这些沉积物是从哪里来的呢？在我们把非洲和南美洲拼合在一起后，就能对这个问题作出合理的解释：沉积物来自非洲。我们还可以在大西洋两岸（图2-7）以及印度洋两岸的各大陆之间找到许多在地质上可以彼此对得拢的例子。事实上，南半球各洲，包括印度，近10亿年的地质发展史是非常相似的。

4. 古生物种类一致

一切生物都生活在特定的环境之中，所以古代动植物化石会告诉我们它们生存

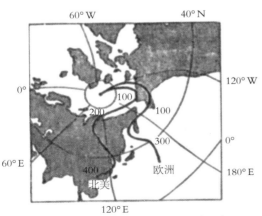

图2-6　北美、欧洲磁极游移轨迹吻合示意图

图2-7　大陆漂移学说的老地层证据示意图

古老地层A
古老地层B

的古地理条件。

舌羊齿植物化石发现于南美、南非、澳大利亚、印度及南极地区同一时代的岩石中（图2-8），这种植物成熟的种子直径达几毫米，风不可能挟带它漂洋过海。南部各个大陆上几乎同时出现舌羊齿植物化石，无疑成为它们曾经连接在一起的有力证据。此外，古生代和中生代爬行动物、有袋类哺乳动物和有胎盘哺乳动物的分布情况也与之类似，也可作为大陆漂移学说的古生物证据。

5. 古气候相似

古代岩层不但可以显示生物的演化过程，而且也保留着许多古代气候的印迹。在岩石中我们既可以找到炎热的沙漠记录，也可以找到冰川的遗迹。奇怪的是，我们在今天的极地发现了热带沙漠的古代气候特征，而在今天赤道附近的热带丛林

—— 地学知识窗 ——
化 石

化石指保存在岩层中的古生物遗体、遗物或遗迹。研究化石可以了解生物演化，并能帮助确定地层的年代。

中却发现了古冰川、冰盖的踪迹。两种相反气候同时出现，这说明古代的某个时期地球上的气候带与现今处于相反的位置。有两种解释方法，一种是地轴发生了巨大的位移，另一种就是大陆发生了漂移。然而要使地球的自转轴发生如此巨大的变化，这个巨大的力量足以使地球破裂，但是至今科学家还没有发现因地轴巨变而在地壳中留下的明显痕迹。那么，只能是地球上的大陆发生了位移。

印度、澳大利亚、南极洲、非洲和南美洲古老地层与生物化石（含舌羊齿化石）的相似性，说明它们以前可能曾连成一片。

图2-8　舌羊齿化石分布示意图

—— 地学知识窗 ——
冰川遗迹

冰川遗迹指在冰川发生、发展和消亡过程中，直接形成的堆积物和地貌。对冰川遗迹的研究和鉴定，可以了解古冰川活动情况和古气候变化规律。

板块运动的动力

板块运动一般是指地球表面一个板块相对于另一个板块的运动。地球上的板块都漂浮在具有流动性的地幔软流层之上，随着软流层的运动，各个板块也会发生相应的水平运动。

1.地幔对流

科学家们通过研究建立起了板块之间的运动模式，板块运动的动力一般认为是由于地幔的对流。地幔对流是板块运动重要的内部力源，它的作用原理类似于"开水原理"。

——地学知识窗——

地幔对流

软流层中的地幔物质由于热量增加、密度减小、体积膨胀，产生上升流动；上升的地幔物质遇到地壳底部向四周分流，随着温度下降，地幔物质密度增大，又沉降到地幔中，这一过程称为地幔对流。

板块构造说认为地幔对流是板块运动的主要驱动机制。这一词汇在19世纪已有人提出，英国著名地质学家霍姆斯和格里格斯试图把地幔对流作为大陆漂移的驱动力。20世纪60年代这一观点被地质学家广泛接受，并成为解释海底扩张、板块移动以及地幔柱形成的重要机制。地幔是由高温的热物质组成的。由于地幔内部存在密度和温度的差异，导致固态物质也可以发生流动。地幔对流是一个复杂的过程，它既是一种热传导方式，又是一种物质流的运动。地幔对流是在缓慢地进行的，对流活动的时间可达几千万年，甚至几亿年。地幔对流的流动形态可以不同：地幔对流可以是从核幔边界上升至岩石圈底部，形成全地幔对流环；也可以是分层对流，即上、下地幔分别形成对流环。近些年来地震层析和地球化学研究成果已证实地幔的流变。

地幔对流是一种自然对流，是地球内部向地球表面输送能量、动量和质量的一种有效途径。由于它被认为是地球演化的最可能的驱动因素，并且与大洋中脊裂谷和大陆裂谷的形成、地表热点的分布、地震和火山活动，以及某些矿物的生成密切相关而受到重视。

2. 板块运动动力的其他学说

随着观测资料的积累和研究的不断进展，除了地幔对流学说以外，学者们还提出了多种假说和模型，主要有：银河系对太阳系的向心力的周期变化、地球表面固体潮的变化、来自陨石的撞击、地球内核的偏移以及地球重力场的变化等。

（1）银河系对太阳系的向心力的周期变化

地球作为天体中的一员，遵循万有引力定律，无时无刻不受到宇宙中其他天体的作用力。板块作为地球上最大的结构单元，其运动应该受到天体运行的影响。地球是一个开放性体系，因此我们不能忽视地球作为宇宙中的一员与宇宙空间进行的能量交换。早在20世纪六七十年代，不少学者就注意到地球公转、自转速率的变化以及银河年周期对地球演化的影响，例如大量的古地磁倒转资料证明倒转的长周期规律与银河年一致。

此外，地球上发生的突变事件以及地球在演化过程中其岩浆活动、变质作用以及造山运动周期与银河系对太阳系的向心力（图2-9）的周期改变有关。现代天体物理学的观察和计算表明，距今1.4亿年

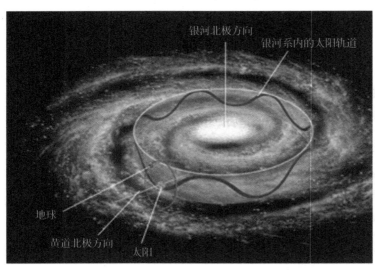

图2-9 银河系对太阳系的向心力

和3.6亿年时太阳系受到银河系的向心力为极大值，而这基本正好对应着侏罗纪和泥盆纪两次大的板块聚合—离散转换期，即两次联合古陆拼合—解体转换期。全球板块的聚合—离散周期合乎银河年周期准则，即全球性板块大约在一个银河年时间内（2.2亿~2.5亿年）离散—聚合一次。古生代以来已有两次聚合，即有两次泛大陆形成，现在正进入第三个泛大陆形成期。推动板块运动的动力与银河系对太阳系的向心力有关。

（2）固体潮引起板块的运动

在日、月引潮力的作用下，固体地球会产生周期形变的现象。月球和太阳对地球的引力不但可以引起地球表面流体的潮汐（如海潮、大气潮），还能引起地球固体部分的周期性形变。受固体潮的影响，地面不停地变形。

由于地球的自转，赤道附近的质点受到的固体潮力的大小在时刻变化，并且每大约旋转90° 其方向会发生一次变化。但在两极和两极附近的很大面积的地区，质点受到的固体潮力的方向大致是不变的，基本都大致指向赤道方向。固体潮力提供了作用于板块的大范围、长时间、同方向的力。虽然作用在小范围内的固体潮力比较小，但是，在整个地球范围内固体潮力

的合力很大。

位于北半球的板块普遍地有大致向南的运动趋势，而位于南半球的板块普遍地有大致向北的运动趋势。这与固体潮力的方向十分相近。如果我们假设地球板块的运动是地球其他部分推动（内力）的结果，根据动量守恒定律，地球其他部分必定向相反方向运动。但观测的结果是板块的运动均由两极向赤道，所以这不可能是内力的作用结果。只有固体潮力提供了方向稳定、时间持久、范围广泛的作用力，所以它非常可能就是驱动板块运动的主要外力。

（3）陨石撞击诱发板块运动假说

地球是宇宙大体系的一分子，太阳系内部小行星对地球的撞击作用对于固体地球表层的影响是不可忽视的。近几十年来，陨击作用诱发板块运动（图2-10）的假说已受到愈来愈多的重视。这是一种立足于太阳大系统或者说宇宙大系统的动力学假说。陨石撞击地球引发板块运动学说是在地幔羽假说的基础上提出的。

地幔羽假说是地幔羽驱动岩石圈板块运动的假说，强调的是由于地幔热流体的大量上升，在岩石圈底面发生局部熔融，造成岩浆向上侵位，使岩石圈上部产生放射状张裂，有时还可以使原来的一个岩

挖掘和位移

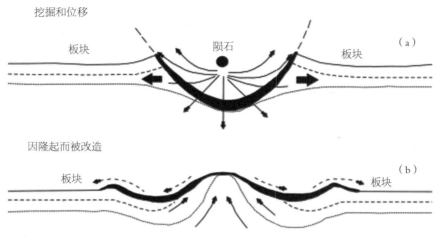

因隆起而被改造

图2-10　陨石撞击诱发板块运动示意图

——地学知识窗——

地幔羽假说

地幔羽假说是20世纪70年代摩根提出的解决大陆板块内部及板块分离边界为何有众多隆起、海山因何形成等问题的一种假说，认为是壳幔边界的局部温度异常所导致的大规模岩浆涌出地表，形成了这些隆起或海山。

石圈板块张裂成几个板块；由于岩浆大量上涌、充填断裂，就不断地推动岩石圈板块在水平方向上朝四周扩张、裂开。受地幔羽控制的大规模岩浆活动，当岩浆喷出

地表时就形成分布面积十分巨大的溢流玄武岩区，侵入到近水平的界面中就形成大范围的岩床，而在其下部常沿着陡倾斜的放射状张裂隙而构成岩墙群。所有这些岩浆活动的时间都应该是准同时的，即岩石形成的同位素年龄误差应在100万年之内。

岩石圈，作为很薄的地球表层（平均厚度约为地球半径的1/60），发生板块运动，产生显著的差异应力，造成较强的构造变形，很可能是地球内部演化和陨石撞击共同作用的结果。从核幔边界升起的超级地幔羽，可能导致岩石圈板块长时期（上亿年）的缓慢扩张；至于一些无根的地幔热点和地幔底辟作用，则有可能是陨

石撞击诱发形成的，它们可以解释短周期（上千万年）的板块运动及其运动方向的多变性。地幔羽假说与陨石撞击诱发假说可以互相补充。

（4）内核偏移引起的板块运动

地球的内部结构从内向外依次为固态（内核）—液态（外核）—固态（地幔）—熔融态（接近液态，软流圈）—固态（岩石圈，包括上地幔顶层和地壳），其中有3个固态圈层和2个液态或接近液态圈层。以大陆漂移和海底扩张为基础，以地幔热对流为核心而建立的板块构造理论，很难解释一个相对于地球坐标长期固定的地幔柱究竟是怎样产生、强化和衰减的。此外，尽管核幔边界被视作热柱的发源地，但内核与板块运动之间并未能建立起直接的联系。而且在地幔柱模式中，岩石圈板块的运动依然是被动的，它只能在一种似乎随意和不可预测的过程中被幔柱推来推去，无法决定其位置归属，在物理上这也令人难以满意。对这些疑问，只有考虑到内核偏移和板块漂移对全球耦合运动机制的作用后，才可以得到一个自洽的解释。

与现有理论模型相比，核—幔—壳模型具有可预测的阶段性、周期性和物理上的自洽性，包含板块运动在内的这种圈层

耦合运动，在固态内核形成之后，到液态外核完全固化以前，可以仅仅依靠地球自身的圈层结构和内部能量，有先有后，无始无终地运动下去。

（5）重力学机制

研究板块运动的驱动机制，重力因素是一个不可忽视的因素。

地球各个部分的密度不均等是重力能够驱动板块运动的原因。有很多关于重力驱动板块运动的动力机制模型，板块运动纬向重力模式就是其中一种比较合理的模型。板块运动纬向重力模式是在"纬向正常密度假说"的基础上建立的。"纬向正常密度假说"的基本观点认为：地幔的纬向正常密度符合"地幔纬向正常密度函数"，如果地幔的纬向密度是正常分布的，其物质分布状态在水平方向就是稳定的；而如果地幔的纬向密度是异常分布的，其物质分布在水平方向就是不稳定的，地幔纬向密度异常区就会有水平方向的纬向重力。纬向重力总是把地幔物质从地幔密度异常高的地区推向地幔密度异常低的地区。在纬向重力的驱动下，地幔物质沿水平方向发生迁移和调整，最终达到地幔纬向密度的正常的分布状态。板块运动纬向重力模式的基本观点认为：岩石圈板块的水平运动与垂直运动是一种辩证关

系。一方面，纬向重力驱动岩石圈沿水平方向由正异常的地区向负异常的地区运动；另一方面，因纬向重力驱动软流圈物质沿水平方向运动而使得岩石圈沿垂直方向发生运动。正异常地区的岩石圈会因为软流圈物质的流出而下沉造成盆地沉陷，负异常地区的岩石圈会因为软流圈物质的流入而上升造成山脉隆升。

Part 3 板块边界故事多

　　板块边界是指不同板块之间的结合部位，表现为持续活动的火山带和地震带，是全球地质作用最活跃的地区。板块边界分为三个类型：大洋中脊代表的分离型板块边界、俯冲带代表的汇聚型板块边界和转换断层代表的转换型板块边界。

　　在地球漫长的演化过程中，板块的边界上演着一幕幕生动的故事。

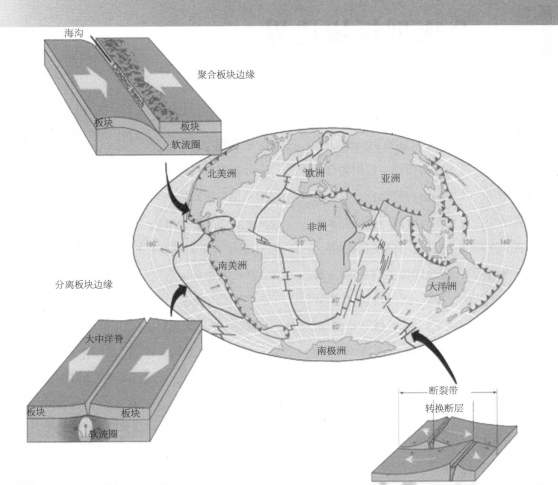

海沟

聚合板块边缘

板块　　板块

软流圈

北美洲　　欧洲　　亚洲

非洲

南美洲

大洋洲

南极洲

分离板块边缘

大中洋脊

板块　　板块

软流圈

断裂带

转换断层

板块构造学说由法国科学家勒皮雄于1968年提出，该学说认为，地球的岩石圈不是一个整体，它被大洋中脊、海沟和断层以及山系分割成若干个板块，板块内部相对稳定，而其边界是比较活跃的地带。板块构造学说对地球的地质以及生物学研究产生了深远的影响，研究板块边界也必将成为板块构造学说研究的重中之重。

板块边界（Plate Boundary）是指不同板块之间的结合部位，表现为持续活动的火山带和地震带，是全球地质作用最活跃的地区。地质学家将其分为三个类型：大洋中脊代表的分离型板块边界、俯冲带代表的汇聚型板块边界和转换断层代表的转换型板块边界。

分离型板块边界

顾名思义，这种类型的板块在其边界两侧，板块是逐渐远离的。分离型板块的边界多数与大洋中脊相吻合，也有个别与大陆上的裂谷相吻合。这种板块边界出现在板块相互分离即新地壳诞生处。在大洋中脊，沿着分离型板块边界，岩浆不断上涌，板块随即逐渐远离（图3-1），当岩浆冷却以后，新的呈条带状的大洋地壳便形成了。这一过程也同时记录下了当时的地球磁场。地形的剧烈起伏、与浅源地震相关的正断层、高热流以及玄武岩性枕状熔岩等都是与大洋有关的常见地貌形态。

分离型板块边界也可以发生在大陆裂谷的早期发展阶段，岩浆不断上涌导致陆壳隆起、拉张、变薄。然后，沿着中央地堑（向下坠落的断块）正断层和裂谷形成，并产生浅源地震。在这一阶段，岩浆侵入断层带形成海底、山脊和岩墙，也侵入到地堑底部，东非大裂谷就是一例。科学家们认为大裂谷形成之时，就是陆壳瓦解之际。如果岩浆继续上涌，大裂谷两侧的大陆壳将

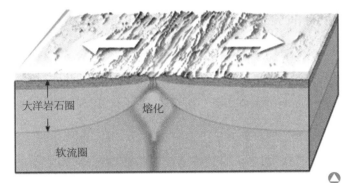

🔺 图3-1 分离型板块边界示意图

背道而驰，就像今天发生在红海海底的情况一样，这个新产生的狭窄洋盆如果继续扩大，它最终将成为开阔的洋盆，就像今天的太平洋洋盆和大西洋洋盆一样。

分离型板块边界是岩石圈发生分裂和拉张的地方（图3-2）。它们是海底扩张的发源地，随着地幔物质喷出不断制造出新的洋壳来，因此这里火山、地震活动频繁。此类板块边界包括了大洋中脊系统和大陆裂谷系统（如东非大裂谷、贝加尔湖、莱茵地堑、红海等），这些大陆裂谷被认为是未来新生大洋可能产生的地方。在分离型板块边界的大洋中脊，主要为基性的岩浆活动，出现大规模的裂隙式火山喷溢，熔岩溢出的方式主要为平静式（如冰岛拉基火山）。大洋中脊实际上是全球最大的火山活动带，沿着脊轴部到处都可以见到新鲜的火山岩，近年来沿中脊轴带

采得的大量火山岩的同位素年龄一般不超出第四纪。大洋中脊岩浆的起源位于轴带下方的地幔软流圈中。由于中脊轴部的拉张作用，导致其下压力降低，从而使物质的熔点降低，超基性的软流圈物质分熔出基性的玄武质岩浆，在压力梯度的驱动下沿中脊轴部裂隙上涌。

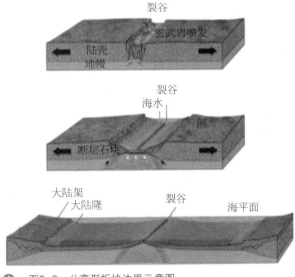

🔺 图3-2 分离型板块边界示意图

——地学知识窗——

裂 谷

裂谷是地球深层作用导致的地表坳陷构造，是以高角度断层为界呈长条状的地壳下降区，是数百至上千千米长的大型地质构造单元。由英国人C.W.格雷格里于1894年首先提出。

汇聚型板块边界

新 地壳在分离型板块边界产生，老地壳在汇聚型板块边界消亡。这里所谈论的汇聚型板块边界实际上是指三种不同边界（图3-3），即大洋–大洋汇聚型板块边界、大洋–大陆汇聚型板块边界和大陆–大陆汇聚型板块边界。对这三种板块边界类型来说，基本过程是相同的，但由于地壳陷入的形式不同，产生的结果也不同（图3-4）。

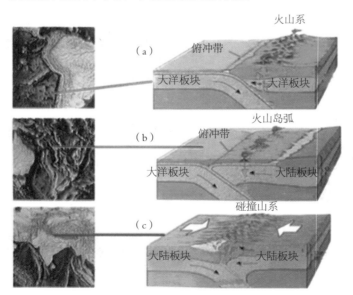

图3-3　汇聚型板块边界

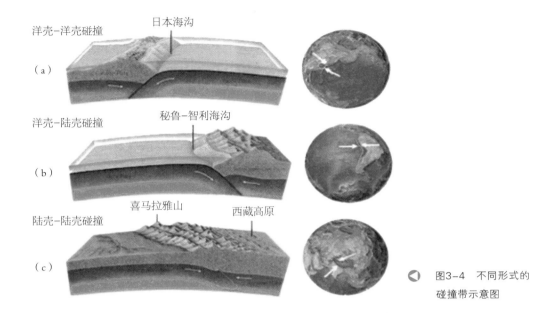

洋壳-洋壳碰撞

（a）

日本海沟

洋壳-陆壳碰撞

（b）

秘鲁-智利海沟

陆壳-陆壳碰撞

（c）

喜马拉雅山　西藏高原

图3-4　不同形式的碰撞带示意图

——地学知识窗——

俯冲板块

两个板块相遇时，一个板块下插到另一相对被动的板块之下，这个下插板块就是俯冲板块。在通常情况下，俯冲板块是指由洋壳组成的大洋板块。因为洋壳由硅镁质物质构成，密度较大，所以相对于陆壳而言更易下沉。

1. 大洋-大洋型板块边界

当两个大洋板块碰撞时，其中一个板块会沿着边界俯冲到另一个板块之下。俯冲板块向下弯曲形成深海沟的外墙，而俯冲复合体和弧前盆地沿着内墙形成。当俯冲板块下降至地幔时被加热，最后俯冲板块的部分熔化和同化作用出现了，产生了以安山岩为主体成分的岩浆，这种岩浆上升到未俯冲板块的表层，形成一系列被称为火山岛弧的火山岛。火山岛弧与海沟平行，二者相距几百千米，这段距离的远近取决于俯冲板块的倾斜角度。阿留申群岛、日本群岛以及菲律宾群岛都是大洋-大洋板块碰撞产生火山岛弧链的极好例子。

2. 大洋-大陆型板块边界

当大洋壳沿着边界俯冲到大陆壳下

时，俯冲复合体和弧前盆地形成海沟的内墙，而大陆的边缘挤压变形成为年轻的山脉。通过俯冲而产生的安山岩岩浆在大陆下上升，它不是在到达表面之前，就是在表面喷发之前结晶，从而产生一系列安山岩火山群。火山群的背后是一系列推覆体形成的弧后逆断层带。弧后推覆体的重量挤压地壳向下运动，形成弧后盆地，弧后盆地接纳了来自山脉和大陆内部的沉积物。南美洲太平洋海岸的大洋型纳斯卡板块俯冲在南美板块之下，是大洋－大陆型板块边界的一个极好例子。秘鲁－智利海沟是标志性的俯冲地点，安第斯山脉是未俯冲板块上的火山链。这种板块边界对人类的生活产生了一定的影响，例如，地震一般与俯冲带有关，南美洲西海岸是频繁发生毁灭性地震的地点。此外，安第斯山脉的南部对来自太平洋的潮湿西风形成了障碍，在背风坡一侧形成了无人居住的沙漠地区。

3. 大陆–大陆型板块边界

两个相互接近的大陆最初被正在俯冲到大陆底下的洋底所分离，大陆的边缘将显示大洋－大陆型俯冲边界的地形特征。随着洋底继续消亡，这两个大陆靠拢得越来越近，直到它们最后碰撞在一起。当两个大陆碰撞时，在大陆–大陆型板块边界处形成内陆山脉带，它由逆断层和褶曲沉积物、侵入火成岩、变质岩和大洋壳的碎片组成；另外，整个地区受到地震的影响。位于亚洲中部的喜玛拉雅山脉，就是始于5 500万年以前并一直延续至今的、在印度和亚洲板块之间发生的大陆–大陆碰撞的结果。

转换断层型板块边界

第三种主要的板块边界是转换断层型边界。当新的离散大陆边缘，或是新的聚合大陆边缘打破了岩石圈时，转换断层型边界便形成了。通过剧烈的破碎岩带、两个板块互相平移能够识别这种断层（图3-5）。主要的转换断层分割洋壳，海底狭窄的、岭谷相间的延伸带成为转换断层的标志。当转换断层分割大陆壳时，它们的表现通常是平缓的。最著名的转换断层是位于美国加利福尼亚州的圣安德烈斯大断层，它把太平洋板块和北美板块分割开来。发生在加利福尼亚州的地震一般都是此断层运动的结果。

转换断层型板块边界的两个板块相互错动，作剪切运动的接触面称为剪切型板块边界，一般比较平直（图3-6）。沿剪切型边界，板块没有新生，也没有破坏，所以又称守恒性板块边界。转换断层在洋底均呈线性分布，长度数百至数千千米，它们不仅使两侧洋底有很大高差，且平移错断了洋底的重力和磁异常条带。大陆区内的转换断层，情况则更为复杂。转换断层具平移剪切断层性质，但与平移断层不同，后者在全断层线上均有相对运动。转

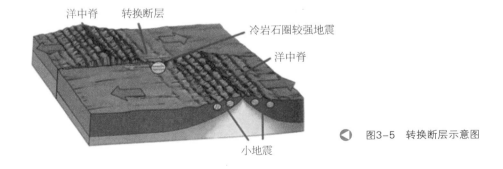

洋中脊　转换断层　冷岩石圈较强地震　洋中脊　小地震

▶ 图3-5　转换断层示意图

换断层只在错开的两个洋中脊之间有相对运动，在洋中脊外侧因运动的方向和速度均相同，断层线并无活动特征。由于洋底岩石圈背离洋中脊向两侧推移，转换断层另一端最终与边界或消亡边界相遇而终止。

在转换断层型板块边界，主要为动力变质作用，例如圣安德烈斯转换断层就发育一条宽达几千米的动力变质岩带。接触变质作用常常与板块活动引起的岩浆作用伴随。

大陆岩石圈

图3-6 转换断层型板块边界示意图

——地学知识窗——

威尔逊旋回

威尔逊旋回是指泛大陆岩石圈在水平方向上彼此分离又拼合的一次全过程。即泛大陆岩石圈由崩裂开始，以裂谷为生长中心的雏形洋区渐次形成洋中脊，扩散出现洋盆，进而成为大洋盆，然后大洋岩石圈向两侧的大陆岩石圈下俯冲、消亡，洋壳进入地幔而重熔，从而洋盆缩小；或发生大陆渐次接近、碰撞，出现造山带，最终又拼合成泛大陆的过程。

——地学知识窗——

大洋盆地演化的6个阶段

1. 萌芽阶段

在陆壳基础上因拉张开裂形成大陆裂谷，但尚未形成海洋环境。如现代的东非裂谷。

2. 初始阶段

陆壳继续开裂，开始出现狭窄的海湾，局部已经出现洋壳。如红海、亚丁湾。

3. 成熟阶段

由于大洋中脊向两侧不断增生，海洋边缘又未出现俯冲、消减现象，所以大洋迅速扩张。如大西洋。

4. 衰退阶段

大洋中脊虽然继续扩张增生，但大洋边缘一侧或两侧出现强烈的俯冲、消减作用，海洋总面积渐趋减小。如太平洋。

5. 残余阶段

随着洋壳海域的缩小，两侧陆壳地块相互逼近，其间仅残留小型洋壳盆地。如地中海。

6. 消亡阶段

海洋消失，大陆相碰，使大陆边缘原有的沉积物强烈变形隆起成山。如喜马拉雅山、阿尔卑斯山脉。

上述海洋开闭过程在地质历史中反复出现，即构造运动具有周期性。

Part 4 板块运动塑地貌

地貌是地球表面各种形态的总称。地表形态是地球内、外力对地壳综合作用的结果。内力地质造成了地表的起伏，决定了海陆分布的轮廓及山地、高原、盆地和平原的地域配置，即决定了地貌的构造格局。两个大陆板块碰撞形成巨大山脉，大陆板块和大洋板块碰撞形成岛弧和海岸山脉，裂谷与海洋的形成则与板块的张裂有关。

地球板块都漂浮在软流层之上，这就如同一盆水上漂满了积木一样。脸盆一晃荡，积木就会发生碰撞和挤压，漂浮在软流层上的板块也一样。由于地球总是在运动，其内部的物质也总是在运动，所以，板块也无时无刻不在运动，它们总是在移动着。全球六大板块平均每年移动1~6厘米，有的快一些，有的慢一些，它们运动的速度是不均等的，方向也不一样，所以有时会碰撞，有时会分离。大洋板块与大陆板块碰撞时，大洋板块俯冲到软流层并逐渐熔化，在俯冲带上还会形成海沟（图4-1）；如果这个大洋板块的另一边也发生同样形式的运动，它的中间部位就会被拉裂，软流层的物质就会沿着裂缝上涌，形成大洋中脊（图4-2）；另一种碰撞是两个大陆板块的相互碰撞，碰撞带会被强烈挤压，生成山系（图4-3），导致火山喷发，形成洼地平原与河湖等地貌。

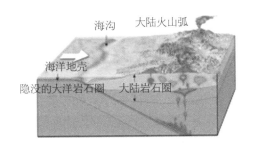

图4-1　海沟形成示意图

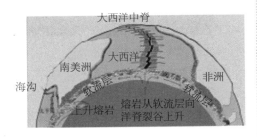

图4-2　大洋中脊形成示意图

图4-3　陆-陆板块碰撞造山示意图

板块运动与大洋中脊

△ 图4-4 大洋中脊

注：凸起的条带状部分为大洋中脊，图中呈蜿蜒状灰褐色。

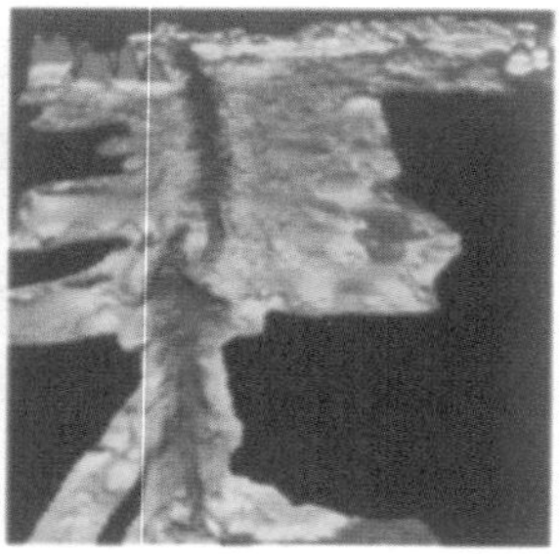

△ 图4-6 大洋中脊脊顶出露头为岛或活火山

△ 图4-5 东太平洋中脊地形图

注：图中红褐色带状部分为东太平洋中脊。

△ 图4-7 地幔物质上涌

▷ 图4-8 大西洋中脊

大洋板块由于被拉张，中间变薄，地幔软流层的物质上涌，就形成了大洋中脊。全球大洋中脊的长度相当于8条长城，合8万千米（图4-4、图4-5），总面积高达1.2亿平方千米，约占海洋总面积的1/3，其规模是陆地山系所不能比拟的。但大洋中脊比大陆山系要低得多，其脊顶水深一般为2 000~3 000米，有少数脊顶露出洋面（图4-6），如冰岛。因为大洋中脊是地幔软流层物质不断涌出的地方，所以它是大洋中的"热岛"，这就是冰岛不"冰"（地热资源特别丰富）的原因。地幔物质不断上涌（图4-7）、不断冷却，从而不断把大洋板块沿着其中间的裂缝向两侧推移，推移的速度高达每年2~10厘米，因此说大洋是在不断地"生长"。特别是大西洋中脊（图4-8），总长16 000千米，裂缝竟宽80~120千米，每年都把美洲大陆与欧洲大陆和非洲大陆沿着其又长又宽的裂缝向两侧推移，其中北大西洋推移的速度平均为每年35毫米，赤道大西洋为每年20~25毫米，南大西洋为每年22~28毫米。大洋中脊生活着许多"黑烟囱"生物（"黑烟囱"是海底热泉的水中所含的矿物在喷溢口周围沉淀形成的）。

板块运动与海沟

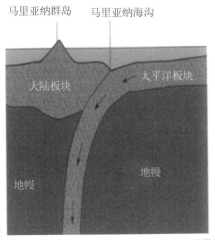

▲ 图4-9 海沟形成示意图——以全球最深的海沟马里亚纳海沟为例

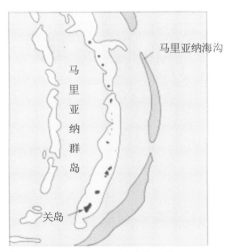

▲ 图4-10 马里亚纳海沟位置图

45

当大洋板块与大陆板块发生碰撞，大洋板块俯冲入地幔软流层时，在俯冲带上就会形成海沟（图4-9），如马里亚纳海沟（图4-10）、日本海沟和秘鲁-智利海沟等。大的海沟全球共有30条，又大又深的有17条，其中有14条在太平洋（图4-11）。海沟是海洋中最深的海域，最深的海沟是马里亚纳海沟，最深处达11 034米，一般的海沟深5 000~10 000米。

马里亚纳海沟是大洋板块与大陆板块在6 000多万年前碰撞后，大洋板块向地幔深处俯冲而形成的。马里亚纳海沟位于菲律宾的东北角（图4-12），在马里亚纳群岛东，北起硫黄列岛，南至关岛附近，长2 550千米，平均宽度约70千米，水深一般大于8 000米，最深处在斐查兹海渊。马里亚纳海沟的整体轮廓呈弧形，沟壁非常陡峭（图4-13、图4-14）。

其他比较有名的海沟还有日本海沟（图4-15）和秘鲁-智利海沟（图4-16）等。很多海沟里生活着许多美丽的生物：犹如升空火箭一般、最长达50多米的管水母（图4-17），似隐形飞机般的鳐（图4-18），非常漂亮的僧帽水母，非常奇特的鱼等。在马里亚纳海沟挑战者深渊10 896米深的海沟洋底，还生活着只有零点几毫米大小的壳质脆弱的软壁有孔虫（图4-19）。

图4-11　全球海沟分布图

🔺 图4-12　马里亚纳海沟海面

🔺 图4-13　马里亚纳海沟底部计算机三维图

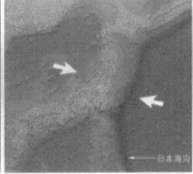

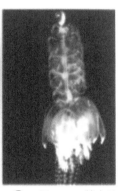

🔺 图4-14　马里亚纳海沟

🔺 图4-15　日本海沟

🔺 图4-16 秘鲁-智利海沟

🔺 图4-17　管水母

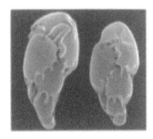

🔺 图4-18　遨游在海沟里的鳐

🔺 图4-19　软壁有孔虫

板块运动与大洋

1. 联合大陆与连通大洋

如前文所述,大西洋在生长。那么,它在"出生"前是什么样子的呢?如果你玩过拼图,你就会发现,美洲与欧洲和非洲是可以对接的,它们以前可能是连在一起的,这就是联合大陆(泛大陆,图4-20)。那么,它们在什么时候还连在一起呢?一说可能是在3亿~2亿年以前,一说是在5.7亿~5.5亿年前,一说在13亿~10亿年前。我们认为,泛大陆在地球形成之初就形成了。

这要从地球诞生说起,那时候它是一个熔融的星体。它在不断的冷却过程中,一

方面,因不均等收缩,形成了大块的高地和广阔的洼坑;另一方面,析出的大量水蒸气变成了雨,原始雨以难以想象的规模倾泻到地球表面,汇集在广阔的洼坑里,就成了原始的大洋。这样,大块的高地就成了大块的大陆——联合大陆,广阔的洼地就成了广阔的海洋——连通大洋。因为在地球的最早期,无论是在现今的哪一个大陆、哪一个大洋,它们的生物统一性都很高,差异性都很小,很难区分出不同的生物地理区系,所以推测当时的大陆应该是联合的,大洋应该是连通的,是以后的长期板块运动把它们变成了如今的样子。

图4-20　联合大陆

海和洋

海洋的中心主体部分称为洋，边缘附属部分称为海，海与洋彼此沟通组成统一的世界大洋。海又称为"大海"，是指与"大洋"相连接的大面积咸水区域，即大洋的边缘部分。

2. 大西洋的诞生

大约在1.8亿年前，联合大陆从如今的北美洲东部与非洲西北部连接的地方开裂，中大西洋开始出现；1.35亿年前，板块裂缝开始向南、北两个方向不断扩展；到9 000万年前，裂缝南北贯通；到7 000万年前，大西洋的东西向洋面已扩展到

几千千米宽，其洋底深度达5 000米左右；此后，大西洋沿着中脊不断地向东、西两个方向扩张，形成今天的大西洋。

3. 孕育中的大洋

从卫星上看，北起红海，中经维多利亚湖和乞力马扎罗山，南至赞比西河口，贯通非洲东部埃塞俄比亚、索马里、肯尼亚、乌干达、卢旺达、布隆迪和坦桑尼亚等国家，有一条又宽又长的裂谷，总长度达6 500多千米，这就是全球最大、最深的裂谷——东非大裂谷（图4-22、图4-23、图4-24）。东非大裂谷诞生于3 000万年前，它是由于当地地壳下的地幔软流层向上强烈涌升，遇到地壳后向两侧分流，对地壳产生了巨大的张力，把地壳向两侧拉张后断裂形成的。

图4-21　东非大裂谷示意图

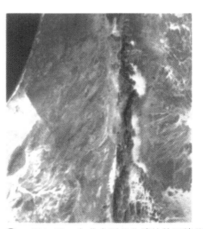

图4-22　东非大裂谷北端的约旦峡谷（卫星照片）

图4-23 东非大裂谷的南端赞比西河口

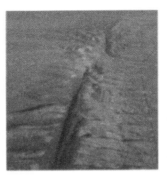

图4-24 东非大裂谷（卫星照片）

东非大裂谷是一个活的、正在急速生长的大裂谷。1978年11月，裂谷区的埃塞俄比亚吉布提的阿法尔地区的地表突然发生破裂，阿尔杜科巴火山随后喷发，这次破裂把非洲大陆与阿拉伯半岛之间的距离扩大了1.2米；2005年9月，该地区又突然出现了一条大断裂，长56千米，宽6米。

几年来，东非大裂谷每年都把阿拉伯板块和非洲板块推开2.54厘米左右；裂谷北段的红海每年都扩大2厘米；整个裂谷平均每年扩张几毫米至几厘米。所以，地质学家认为，东非大裂谷可能与大西洋中脊的大裂缝相似。如果是这样，若干年后，一个新的大洋将会出现在我们的地球上。

板块运动与沟谷、湖、瀑布和山系的形成

1. 东非大裂谷

东非大裂谷是一条现今还在不断活动的超大断裂，它的断裂和拉张活动天天都在继续。在东非大裂谷带上形成了许多陡峭的沟谷、壁立的河岸、窄长的湖泊和水帘式的瀑布。

在东非大裂谷里，陡峭的山谷、壁立的河岸到处都是（图4-25）；较大的湖泊有维多利亚湖、坦噶尼喀湖、马拉维湖和图尔卡纳湖；最著名的瀑布有维多利亚

△ 图4-25　东非大裂谷中陡峭的山谷和壁立的河岸

瀑布。

（1）维多利亚湖

东非大裂谷中最著名的湖泊就是维多利亚湖（图4-26）。它是大裂谷中唯一的呈四方形的湖泊，而其他湖泊均又窄又长，这是因为它位于裂谷南段的东、西两支裂谷中间，由于这两个大断裂向东、西方向的拉张作用，造成地块陷落，从而形成的。湖泊为坦桑尼亚、乌干达和肯尼亚共有。海拔1 134米，宽240千米，长337 千米，岸线长3 220千米，面积68 870平方千米，平均水深40米，最深处82米，是非洲最大的淡水湖泊，也是尼罗河的主要水源地。

（2）坦噶尼喀湖

坦噶尼喀湖（图4-27）位于维多利亚湖西南、东非大裂谷南端西分支的西南部，是世界上最狭长的湖泊。湖泊为布隆迪、刚果民主共和国、坦桑尼亚和赞比亚共有。海拔774米，南北向呈条带状，长670千米，最宽处70千米，最深处1 470米，面积32 900平方千米，是非洲第二大

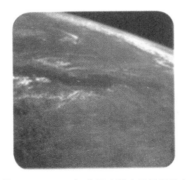

△ 图4-26　维多利亚湖（卫星照片）　　△ 图4-27　坦噶尼喀湖（卫星照片）　　△ 图4-28　马拉维湖（卫星照片）

淡水湖、第一深湖，世界第二深湖，深度仅次于俄罗斯的贝加尔湖。

（3）马拉维湖

马拉维湖（图4-28）位于坦噶尼喀湖东南、东非大裂谷的南端，海拔472米，西为马拉维，东北为坦桑尼亚，东为莫桑比克。长560千米，宽24~80千米，平均深273米，最深706米，面积30 800平方千米，为非洲第三大淡水湖、全球第四深湖。

（4）图尔卡纳湖

图尔卡纳湖（图4-29）位于维多利亚湖东北、东非大裂谷南段北侧，绝大部分在肯尼亚境内，北端很小一部分属埃塞俄比亚。海拔375米，呈飘带状，长256千米，宽50~60千米，面积6 400多平方千

米，是全球最大的永久性沙漠咸水湖泊，湖里和湖边有许多形态非常规整的棕红色火山锥和火山口，犹如刚刚喷发过一般（图4-30）。

（5）维多利亚瀑布

在东非大裂谷里有数不清的瀑布，维多利亚瀑布（图4-31）是最为著名的，它的水源是赞比西河。赞比西河是非洲南部的最大河流，它像亿万匹野马从中非高原向印度洋飞驰而来，在即将到达目的地的一刹那坠进了万丈深渊，一头栽进了东非大裂谷，形成了惊心动魄的维多利亚瀑布。瀑布的水花飞升300多米，瀑布的彩虹（图4-32）在305米高空闪烁，20千米以外都能听到它的轰鸣、看到它的水雾、观到它的彩虹。

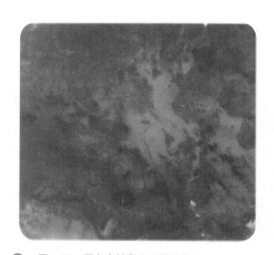

图4-29　图尔卡纳湖（卫星照片）

图4-30　图尔卡纳湖中的火山锥和火山口

图4-31　维多利亚瀑布

图4-32　维多利亚瀑布彩虹

2. 喜马拉雅山和青藏高原

喜马拉雅山的珠穆朗玛峰高达8 844.43米，是全球的最高极。青藏高原平均海拔4 000~5 000米，是世界上最高的高原。它包括我国西藏和青海全境、四川西部、新疆南部，以及甘肃和云南的小部分，此外，还包括不丹、尼泊尔、印度、巴基斯坦、阿富汗、塔吉克斯坦和吉尔吉斯斯坦的部分地区，总面积为250万平方千米，在我国境内的面积高达240万平方千

米，是全球最大的高原之一，也是长江、黄河、恒河等亚洲大河的发源地。

喜马拉雅山和青藏高原原来是汪洋一片，是古地中海的一部分，大约在6 500万年前，印度-澳大利亚板块脱离联合大陆，开始向古地中海北岸漂移，移动了5 000~7 000千米，最后撞入了亚欧板块底下，把亚欧板块向上拱起，使古地中海消失，同时使该地区受到强烈的挤压和抬升（图4-33），经历了地质岁月之后，

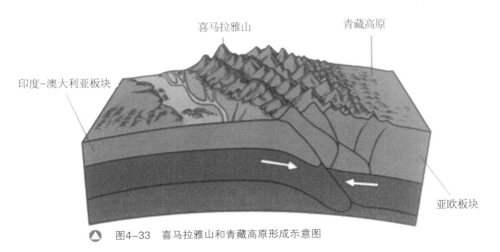

图4-33　喜马拉雅山和青藏高原形成示意图

就形成了如今雄伟的喜马拉雅山和青藏高原。而且，这个过程一直没有停歇，如今印度-澳大利亚板块还在以每年5厘米的速度向北推进，喜马拉雅山以每年0.33~1.27厘米的速度隆升，珠穆朗玛峰以每年1.82厘米的速度隆升。

喜马拉雅山脉是印度-澳大利亚板块与亚欧板块碰撞形成的。它的形成过程尚有争论，这里提出一种多次隆起的解释，并开列一个形成过程时间表：5 000万年前，当印度-澳大利亚板块向亚欧板块前进时，在西藏雅鲁藏布江的缝合处，印度-澳大利亚板块向亚欧板块的下方俯冲，出现第一个俯冲带；3 500万年前，印度-澳大利亚板块继续推进，当印度-澳大利亚板块与亚欧板块接触时，印度-澳大利亚板块的岩石层发生分裂，地壳仍在雅鲁藏布江缝合处向下俯冲，由于俯冲的力量，印度-澳大利亚板块的地壳物质受到挤压，堆积在缝合带附近，形成山

脉，奠定了喜马拉雅山脉的基础；2 100万年前，当印度-澳大利亚板块在缝合带处俯冲的深度达到100千米时，由于亚欧板块上地幔的浮力太大，该俯冲被迫停止，但印度-澳大利亚板块仍向北迁移，并出现第二个俯冲带，由于这个俯冲带的作用，它上方的地壳隆起，基本形成世界最高的喜马拉雅山；1 100万年前，亚欧板块上地幔的浮力使印度-澳大利亚板块的俯冲带又被迫停止，但印度-澳大利亚板块继续北上，出现第三个俯冲带，再一次使喜马拉雅山隆起。根据这种解释，喜马拉雅山脉的隆起不是一次，而是多次；并且喜马拉雅山脉的物质成分，主要是印度次大陆地壳，而不是亚欧大陆上地幔的物质。

青藏高原有许多珍稀的生物，如藏羚羊、藏牦牛、藏秃鹰和生长在海拔5 000米以上雪线附近的雪莲花（图4-34）。

濒危野生动物藏羚羊　　　　藏牦牛　　　　藏秃鹰　　　　雪莲花

图4-34　青藏高原上的珍稀生物

板块运动致灾难

板块运动在板块边界处不断引发地质灾难，火山、地震即是最重要

的两种地质灾难。地震几乎全部分布在板块的边界上，火山也特别多地

分布在板块边界附近，其他如张裂、岩浆上升、热流增高、大规模的水

平错动等也多发生在板块边界线上。

板块边界是地壳的极不稳定地带。板块运动在板块边界处不断引发地质灾难，火山、地震即是最重要的两种地质灾难。地震几乎全部分布在板块的边界上，火山也特别多地分布在板块边界附近，其他如张裂、岩浆上升、热流增高、大规模的水平错动等也多发生在板块边界线上。

引发火山爆发

板块运动是引发火山活动最重要的原因（图5-1）。一般来说，在板块内部，地壳相对稳定，而板块与板块交界处，则是地壳比较活跃的地带，在这里火山、地震以及断裂、挤压褶皱、岩浆上升、地壳俯冲等频繁发生。

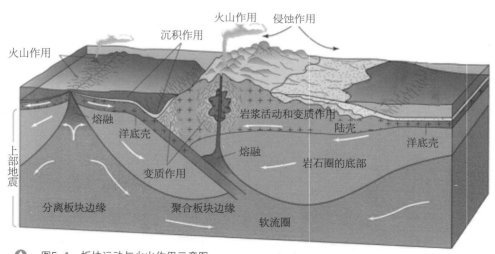

图5-1 板块运动与火山作用示意图

——地学知识窗——

火山的分类

　　按照火山活动情况来分，分为活火山、死火山、休眠火山；按火山喷发类型划分，分为裂隙式喷发、熔透式喷发和中心式喷发三大类。

——地学知识窗——

环太平洋火山带

　　环太平洋火山带又称环太平洋带、环太平洋地震带或火环，是一个围绕太平洋经常发生地震和火山爆发的地区，全长40 000千米，呈马蹄形。环太平洋火山带上有一连串海沟、列岛和火山，板块移动剧烈。环太平洋火山带共有活火山512座，占全球活火山数量的80%。环太平洋火山带位于亚欧板块和太平洋板块之间，地壳运动频繁。

　　图5-2　全球火山分布示意图

板块构造理论提出以来，很多学者根据板块构造理论建立了全球火山模式，认为大多数火山都分布在板块边界上，少数火山分布在板块内，前者构成了四大火山带，即环太平洋火山带、大洋中脊火山带、东非裂谷火山带和阿尔卑斯－喜马拉雅火山带（图5-2）。

火山活动一般发生在板块交接的地方或其附近，主要分为三种：①分离型板块边界，包括太平洋脊带、大西洋中洋脊带及印度洋中洋脊带的火山。冰岛就是由于大西洋中脊上的火山剧烈喷发、涌出的岩浆高出海面而形成的，相信很多人对2010年的冰岛火山喷发仍记忆犹新。在冰岛，温泉和间歇性温泉广泛分布，这些都说明地下的岩浆离地面并不远。②板块俯冲带，环太平洋带及地中海带的火山均发生在此附近，此处为地壳活动频繁的地带，岩浆活动强烈，在达到一定的压力时，岩浆就会沿着通道上升，发生火山爆发。③热点，位于地壳上部，在此可生成岩浆，当板块做水平移动时，经过热点上便有火山生成。

诱发地震

震（Earthquake）是地壳快速释放能量过程中造成振动，期间会产生地震波的一种自然现象。地球上板块与板块之间相互挤压碰撞，造成板块边沿及板块内部产生错动和破裂，这是引起地面震动（即地震）的主要原因。

1. 地震分布

据统计，全球有85%的地震发生在板块边界上（图5-3），仅有15%的地震与板块边界的关系不那么明显。而地震带是地震集中分布的地带，在地震带内地震密集，在地震带外地震分布零散。世界上主要有四大地震带：环太平洋地震带、欧亚地震带、大洋中脊地震带、大陆裂谷地震带。

（1）环太平洋地震带

分布在太平洋周围，包括南、北美洲太平洋沿岸，以及从阿留申群岛、堪察加半岛、日本列岛南下至中国台湾省，再经

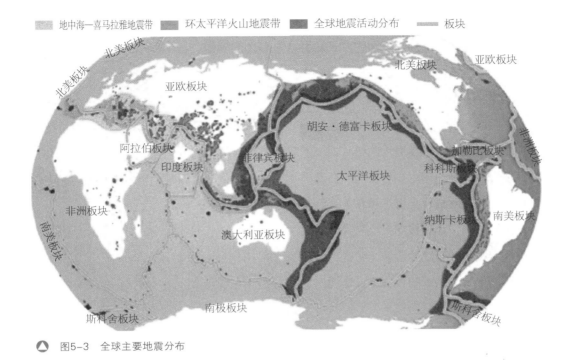

地中海—喜马拉雅地震带　　环太平洋火山地震带　　全球地震活动分布　　板块

图5-3　全球主要地震分布

菲律宾群岛转向东南，直到新西兰。这里是全球分布最广、地震最多的地震带，所释放的能量约占全球的3/4。

（2）欧亚地震带

从地中海向东，一支经中亚至喜马拉雅山，然后向南经中国横断山脉，过缅甸，呈弧形转向东，至印度尼西亚；另一支从中亚向东北延伸，至堪察加，分布比较零散。

（3）大洋中脊地震活动带

此地震活动带蜿蜒于各大洋中间，几乎彼此相连。总长约65 000千米，宽1 000~7 000千米，其轴部宽100千米左右。大洋中脊地震活动带的地震活动性较前面两个带要弱得多，而且均为浅源地震，尚未发生过特大的破坏性地震。

（4）大陆裂谷地震活动带

该带与上述三个带相比规模最小，不连续分布于大陆内部。在地貌上常表现为深水湖，如东非裂谷、红海裂谷、贝加尔裂谷、亚丁湾裂谷等。

2. 板块运动诱发地震

地球表层板块之间以不同的方式发生相对运动。例如，北美板块与太平洋板块之间是水平位置上的相对位移（走滑）；太平洋板块与亚欧板块之间是俯冲运动，即太平洋板块沿着日本海沟向亚欧板块下面插入（俯冲）；印度洋板块向北在喜马拉雅山脉与亚欧板块推挤（碰撞）；还有大洋板块之间，如南极洲板块与太平洋板块之间则是张开分离的运动（扩张）。这些以不同形式运动着的板块边界是地球上最为活跃的区域，是地震活动最为频繁和强烈的地带。

板块边界的运动使得板块边界地区的地壳发生弹性变形而产生应力，由于变形持续增加，应力不断累积，一旦超过抵抗它的摩擦阻力，地壳就会错动反弹至没有应变的位置，同时发生固体的振动而产生地震（图5-4）。

总之，地球在不停地运动着，这种运动是地球能够存在的基础。因为在太阳系中，太阳对地球存在着巨大的吸引

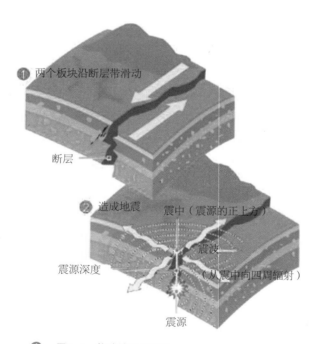

🔺 图5-4 构造地震示意图

力，地球正是凭借它的运动产生的离心力与太阳的吸引力相抗衡，才使得地球在太阳系中存在下来。同时，由于地球不停地运动，引起地球表面和内部物质的运动，如岩浆活动、地壳运动等，而地震活动就是急剧地壳运动的表现之一。地球的运动不会停止，地震活动也就不会停止，将永远威胁着生活在地球上的人类，所以，研究地震、预防地震具有重要的现实意义。

——地学知识窗——

地震的分类

按成因可分为构造地震、火山地震、塌陷地震、诱发地震、人工地震；按震级可分为弱震、有感地震、中强震、强震；按震中距可分为地方震、近震、远震；按震源深度可分为浅源地震、中源地震、深源地震；按震源位置可分为板缘地震和板内地震；按地震序列可分为主震-余震型地震、震群型地震和孤立型地震。

Part 6 板块运动成矿多

　　矿产资源是地球赋予人类的宝贵财富，是人类社会赖以生存和发展的重要物质基础和制约因素。从板块构造的角度来看，许多矿床的形成是与板块的运动密切相关的。由于在板块的边界上，火山喷发和岩浆侵入、热力变质和动力变质、侵蚀和堆积都十分活跃，提供了最丰富的成矿物质来源和能量来源，所以有许多矿床聚集在板块的边界地区。

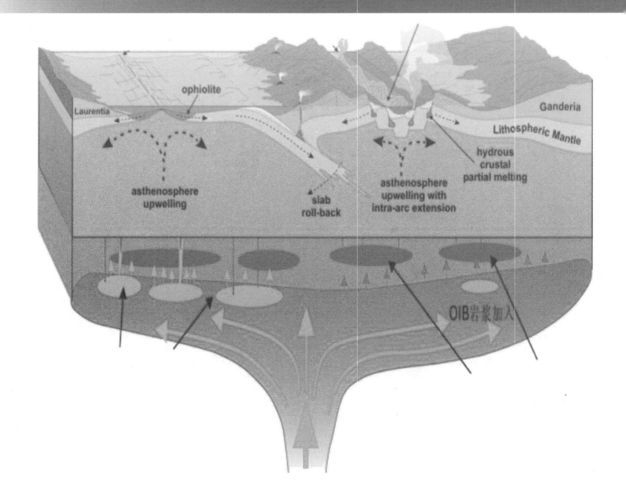

区域成矿分布规律表明，许多矿床的形成是与岩石圈板块的活动密切相关的。研究板块构造与成矿作用，其任务大致有以下几个方面：研究成矿带的分布规律与现代板块活动的相互关系，并且对它进行科学的分类；选择矿床的成因模式；分析较老的矿床如前寒武纪、古生代形成矿床的分布与古板块构造活动的关系，即古板块边界的位置和成矿作用的关系。

板块成矿作用

 久以来，人们已经认识到，成矿作用与大地构造之间存在着密切的关系，不同类型的金属矿产侧向分带性及矿带的平行排列证明了这一点。由于在板块的边界上，火山喷发和岩浆侵入、热力变质和动力变质、侵蚀和堆积都十分活跃，提供了最丰富的成矿物质来源和能量来源，所以有许多矿床聚集在板块的边界地区。

——地学知识窗——

成矿作用

成矿作用是指在地球的演化过程中，使分散存在的有用物质（化学元素、矿物、化合物）富集而形成矿床的各种地质作用。成矿作用复杂多样，一般按成矿地质环境、能量来源和作用性质划分为内生成矿作用、外生成矿作用和变质成矿作用，并相应地划分出内生矿床、外生矿床和变质矿床等三大成因类型矿床。研究成矿作用和矿床成因类型对深入认识矿床形成机理、矿床分布规律，指导矿产勘查和矿业开发都有重要意义。

1. 分离型板块边界的成矿作用

（1）大陆内部热点的成矿作用

大陆内部热点及其附近的火山作用和深成岩浆活动，通常以富含碱质并具有环带构造发育为特点，喷出岩以流纹岩为主，含少量糙面岩，有时可见玄武岩，侵入岩有碳酸盐岩、碱性花岗岩、不饱和碱性岩（表6-1）。

表6-1　　　　　　　　　　　　　　与大陆内部热点有关的矿床特征

大地构造背景	岩石组合	成因	矿床类型/金属种类	实例
热点及热点链	过铝质及过碱性花岗岩	岩浆及气成热液	锡、铌	约斯高原，尼日利亚（侏罗纪）；朗多尼亚，巴西（晚元古代）
	过碱性花岗岩	岩浆及气成热液	铀	博坎山，阿拉斯加（中生代）
	碳酸盐岩	岩浆-交代	磷灰石、磁铁矿等	科拉半岛（晚元古代-古生代）；乌佛纳特山，埃及（晚中生代-早新生代）
	玄武岩类岩石、玄武岩		蓝宝石、红宝石	柬埔寨、泰国（第四纪）

据Mitchell and Garson，1981

（2）大陆裂谷及拗拉槽的成矿作用

表6-2　　　　　　　　　　　　　　大陆裂谷和拗拉槽特有的矿床一览表

大地构造背景	岩石组合	成因	矿床类型/金属种类	实例
大陆裂谷和拗拉槽	碳酸盐岩	岩浆-交代	磷灰石	帕拉博瑞，南非（元古代）；奥卡，加拿大（早白垩世）
	不饱和碱性杂岩	岩浆	磷灰石	贝加尔裂谷（晚古生代）
	共生的金伯利岩和碳酸盐岩	岩浆	金刚石	南非（元古代和白垩纪）；山东，中国（古生代和白垩纪）
	基性-超基性侵入体	岩浆	Cr-Ni-Pt-Cu	津巴布韦大岩墙（早元古代）；布什维尔德，南非（早元古代）；中国甘肃及四川西部（古生代）

（续表）

大地构造背景	岩石组合	成因	矿床类型/金属种类	实例
大陆裂谷和拗拉槽	黑云母花岗岩	岩浆-气成热液	斑岩型钼矿	格莱特利沃（Glitrevann），奥斯陆裂谷（二叠纪）
	含钙质和泥青质页岩（通常位于蒸发岩之下，不整合面之上）	形成于成岩阶段或后生阶段的早期，气成热液	铜矿层控	非洲的大西洋陆缘（早白垩世阿普第阶）；赞比亚、扎伊尔（中-晚元古代）；中国云南（早-中元古代）
	含泥青质的页岩（产于陆源层序中）	形成于成岩阶段或后生阶段的早期，气成热液	层控 Ag-Pb-Zn-Cu	加拿大不列颠哥伦比亚，沙利文矿山（晚元古代）；昆士兰，芒特艾萨（晚元古代）
	陆源碎屑岩	成岩阶段或后生	层控砂岩型铀矿	加拿大阿萨巴斯科（Athapuscow）拗拉槽（中元古代）；中国南部（古生代及中生代）
	镁质碳酸盐岩	化学沉积	蒸发岩	泽切斯廷（Zechstein）（二叠纪）
	湖泊卤水和蒸发岩	沉积	钠和钾盐，菱镁矿和磷酸盐	东非裂谷湖泊（第四纪）
	黑色页岩中的矿脉	岩浆-同生热液	Pb-Zn矿脉	尼日利亚，贝努埃（Benue）亚马孙断裂带（白垩纪）
	断层及线型构造中的矿脉	气成、岩浆及同生热液	F矿脉	北美西部（新生代）；伊利诺斯（Illinois）（晚白垩世）
	花岗岩及基底岩石中的矿脉	后生热液	Mo-石英脉，Ag-Co-Ni的砷化物	奥斯陆地堑（二叠纪）；美国密执安极韦诺裂谷（晚元古代）

据Mitchell and Garson，1981；刘雪亚，1986

　　裂谷是地球表面的重要构造运动的产物。它是在拉张的背景下形成的断陷带，可由地幔上隆形成主动型裂谷，也可由应力场中的不均衡拉张形成被动型裂谷。裂谷带不仅有独特的岩浆岩组合和沉积建造，而且还赋存特殊的矿产（表6-2）。

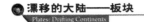

（3）稳定的陆缘及内陆盆地的成矿作用

表6-3　　　　　　　　　　　　　　稳定陆缘及大陆内部的矿床特征

大地构造背景	岩石组合	成因	矿床类型/金属种类	实例
稳定陆缘	海侵层序的镁质碳酸盐岩	化学沉积	蒸发岩	南大西洋（早白垩世阿普第阶）；红海（中新世）
	海侵层序的黑色页岩-燧石-白云岩	生物化学/化学沉积	磷灰岩	秘鲁（近代）；佛罗里达（中新世）
	海侵的海相层序	远海沉积	富金属的黑色页岩	阿鲁姆页岩，瑞典（寒武纪）；威尼托，阿尔卑斯（中生代）
	海退层序中的浅海碎屑岩	化学沉积	鲕状褐铁矿型含铁矿石	西欧（侏罗纪）；美国东部（志留纪）
	燧石-浅水碎屑岩	化学/生物化学沉积	条带状铁矿	拉布拉多，非洲南部（早元古代）
	大部分海滩砂	沉积	钛铁矿、金红石、锆石的砂矿	非洲南部，澳大利亚东海岸（第四纪）
	大部分深埋的陆架碳酸盐岩	气成或热液同源	碳酸盐岩中的铅和锌	密西西比谷（寒武纪、石炭纪）；南阿尔卑斯（三叠纪）
	陆架碳酸盐岩	大气次生或同生	碳酸盐岩中的钡和氟	巴基斯坦（侏罗纪）；缅甸（奥陶纪）
大陆内部	不整合于下-中元古界变质沉积物之上的元古代陆源沉积物	表生的成岩-后生的热液，变质再活化	不整合的脉型铀矿	阿萨巴斯卡盆地（Athabasca），加拿大；阿利盖特（Alligator）河，澳大利亚（中元古代早期）
	不整合的砾岩	碎屑沉积和部分次生	含铀、金的石英砾岩	兰德（Rand），南非贾科比那（Jacobina）；巴西

据Mitchell and Garson，1981；刘雪亚，1986

　　大陆边缘按照构造运动性质的不同可分为两种类型的陆缘，即稳定陆缘和活动陆缘。如果大陆和海床之间未曾发生板块的俯冲或者消减，就称为稳定陆缘。大多数稳定陆缘是在大陆裂谷系的基础上进一步发展，产生新的海洋岩石圈并继续扩张而形成的。大西洋两岸除波多黎各海沟以外，都属于稳定陆缘。稳定陆缘两侧的大陆和大洋盆地属于同一个板块，其运动除整体性的漂移外，主要表现为沉降，形成陆棚和大陆坡。内部盆地是指存在于板块内部非造山环境的内陆沉陷地区。米切尔等系统研究了该类成矿作用（表6-3）。

（4）大洋中脊及洋底的成矿作用

大洋中脊和洋隆是产生于洋底并具有全球规模的裂谷系，其岩石组合以蛇绿岩套为代表。大洋中脊的宽度为数百至数千千米，主要取决于其扩张的速度。大洋中脊两侧为水深四五千米的大洋盆地。大洋的矿床特征见表6-4。

表6-4　　　　　　　　　　　　　　　大洋的矿床特征

大地构造背景	岩石组合	成因	矿床类型/金属种类	实例
大洋中脊及盆地	深海红色黏土及玄武岩	自生沉积	Mn、Ni、Co、Cu的氯化物及氢氧化物结核和结壳	大西洋、太平洋、印度洋（近代）
	大洋中脊玄武岩	热液喷气沉积	Fe、Mn的氧化物及氢氧化物结核和结壳	大西洋洋脊，东太平洋隆起（近代）
	大洋中脊玄武岩	海水热液喷气沉积	Cu、Fe、Zn的硫化物	东太平洋隆起，红海深处（近代）
	深海碳酸盐岩沉积	沉积	富含金属的页岩	南高地，加拿大；苏格兰（早古生代）
	地幔上部的方辉橄榄岩中的纯橄榄岩	岩浆	扁豆状铬铁矿	塞浦路斯、古巴（中生代）；菲律宾（第三纪）
	地幔上部的橄榄岩及蛇纹岩	岩浆及交代或后生的热液	Ni、Fe、Ti、Au、Pt及石棉、滑石、菱镁矿	菲律宾、意大利、希腊（晚中生代，第三纪）
大洋转换断层	扇状沉积，含锰高钡玄武岩	海水热液喷气沉积	钡	圣克利门蒂（San Clemente）断裂带（近代）
	洋壳火成岩	海水热液沉积	Fe、Mn的氧化物及氢氧化物	罗曼什（Romanche）断裂带（近代）
大洋线型岛屿和海山链	不饱和的碱性侵入岩	岩浆	碳酸盐岩	佛得角岛，塔希提岛

据Mitchell and Garson，1981；刘雪亚，1986

2. 汇聚型板块边界的成矿作用

（1）岛弧及安第斯型岩浆岩带的成矿作用

岛弧及安第斯型岩浆岩带的单位面积含矿比高于其他构造环境。与其有关的各类矿床中，最主要的就是斑岩型铜矿，其次是浅海底的金属矿床和金矿，此外，为数不多的锡矿床也具有较重要的意义（表6-5）。

中-新生代的岛弧及安第斯型岩浆岩带主要分布在滨太平洋地带，构成举世瞩目的围绕太平洋的"火环"。此外，在北大西洋南的安的列斯群岛、印度洋东侧的爪哇岛和苏门答腊岛也有分布。岛弧岩浆岩带呈巨大的弧形，长度可达数千千米，宽度有时超过100千米，其弧顶向大洋方向凸出。安第斯型岩浆岩带呈线型形成于活动的陆缘地带。活动的火山弧通常表现为低的正重力异常和很高的地热梯度带，其下100~250千米是向大陆倾斜的板块俯冲带。不活动的火山弧均遭受很深的剥蚀，广泛出露闪长岩-花岗闪长岩的

表6-5 岛弧及安第斯型岩浆岩带的有关矿床

大地构造背景	岩石组合	成因	矿床类型/金属种类	实例
岩浆弧	英云闪长岩型侵入体	岩浆-气成热液	斑岩型铜-金矿、斑岩型铜-钼矿、斑岩型金矿	菲律宾（第三纪）；美国西部，安第斯山（中生代-第三纪）；中国东部地区（晚古生代、晚中生代）
	水下喷发的流纹岩质火山碎屑岩	硫化物的水下喷气	黑矿型锌-铅-铜矿	小坂，日本（中新世）；巴肯斯（Buchans），纽芬兰（奥陶纪）
	过铝质S型花岗岩	岩浆-气成热液	Sn、W	阿拉斯加（中新世）；东南亚的东带（二叠纪）；中国的东南地区（中生代）
	安山岩质破火山口	碲化物及含金硫化物热液	Au、Cu	维蒂岛，斐济（上新世）
	安山岩中的石英脉	热液	含金石英脉	豪拉基（Hauraki）半岛，新西兰（老第三纪）
	英云闪长岩-闪长岩	岩浆-气成热液	含金石英脉	所罗门（Solomon）岛（老第三纪）；中国东北地区（中生代）

（续表）

大地构造背景	岩石组合	成因	矿床类型/金属种类	实例
岩浆弧	富硅质的火山岩	喷出	磁铁矿－赤铁矿、磷灰石	智利、墨西哥（第三纪）
	基性火山岩	水下喷射的热液	Sb、W、Hg	东阿尔卑斯（早古生代）
	安山岩质－英安岩质火山岩	岩浆	Hg（辰砂、雄黄、雌黄）、蛋白石	菲律宾、墨西哥、堪察加（新生代）

据Mitchell and Garson，1981；刘雪亚，1986

侵入体。

（2）弧后大陆边缘的成矿作用

弧后大陆边缘指的是岛弧背后的广大陆缘地带。在亚洲大陆的东部，北自鄂霍茨克海沿岸，经锡霍特山、老爷岭及朝鲜向南延伸至我国东南沿海地区，均为弧后大陆边缘。北美洲和拉丁美洲两侧火山弧背后的弧后岩浆岩带，也包括在此构造的范围内。区域性隆起、硅铝质地壳增厚、伴随大范围的重熔型酸性花岗岩类的发育，是弧后陆缘地区的主要特点。弧后大

表6-6　　　　　　　　弧后陆缘岩浆岩带的有关矿床

大地构造背景	岩石组合	成因	矿床类型/金属种类	实例
弧后陆缘	过铝质S型花岗岩体及火山岩	岩浆－气成热液	Sn、W	玻利维亚（中新世）；中国东南地区的钨矿带（中生代）
	石英二长岩体	岩浆－气成热液	Mo、W、Sn	美国爱达荷岩基（老第三纪）
	石英斑岩	热液	Cu、Au、Ag	美国蒙大拿州比尤特（Butte）（晚白垩世－古新世）
	花岗斑岩－花岗闪长斑岩	岩浆－气成热液	斑岩型钼矿	中国吉林省（晚中生代）；美国科罗拉多州（晚中生代－早新生代）

据Mitchell and Garson，1981；刘雪亚，1986

陆边缘的成矿作用见表6-6。

3. 转换断层成矿作用

从理论上讲，纯剪切的转换断层缺乏岩浆活动，其本身难以直接形成矿床。不过，单纯的剪切转换断层并不多见。沿着张性的泄漏性转换断层可以发生类似于大洋中脊的岩浆和热液活动。在属于张性转换断层的加勒比海开曼海槽层采集到新鲜的玄武岩。这种转换断层可形成与蛇绿岩套有关的各种矿床。此外，洋底转换断层使洋壳发生剪切变形，沿着断层带分布的洋壳岩石遭受明显的蚀变，从而有可能形成一些次生矿床，如石棉。

转换断层对矿床的分布有重大影响，尤以大陆裂谷和陆间裂谷区最为显著。在红海海底，富含重金属软泥的热卤水洼地的分布受到转换断层的控制，其主要位于中央裂谷与转换断层的交汇处。此外，一些学者指出，在非洲，产各种矿床的碱性杂岩和碳酸岩，以及含金刚石的金伯利岩岩筒的分布，受到了基底古老转换断层的控制。

转换断层对于造山带成矿作用的影响似乎不太清晰，可能为后期推覆体及其他地质作用所掩盖。据研究，新西兰的一些低温热液汞矿床、菲律宾的斑岩铜矿以及泰国的含锡花岗岩的分布受到陆上横断层的影响。其中，陆上横断层可能是转换断层或其延续。许多大型的内生矿床产于两个方向断裂带交切的部位，其中的横向断裂带有可能具有转换断层性质，因为只有转换断层才具有足够大的规模，并深切至软流圈，为熔融岩浆的上升提供通道。

综上所述，各类矿床的形成和分布均可与板块边界的作用过程联系起来。但关于大陆碰撞带和转换断层的成矿作用，尚处于研究的初级阶段。有关板块构造与成矿作用的研究是全球地质学家最关注的重要课题之一，尽管现阶段在矿产普查和扩大矿床勘探远景等方面，还很难用板块构造理论来解决问题。但是，应该承认的事实是，现在，人们已经从大地构造背景条件（如不同性质的板块边界）、独特的岩浆岩和沉积等方面综合考虑成矿作用问题。虽然某些论点至今仍不成熟，甚至不完善，可是这毕竟是基于构造-岩浆-沉积-成矿的总体地质演化事件而设想的新模式。这种设想已经在构造与成岩、构造与成矿的基础理论研究方面，提供了不少使人信服的证据和解释。今后，随着地球科学的不断发展，必将在成矿规律方面获得更多新认识。

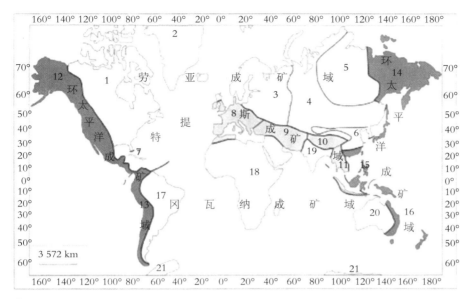

图6-1 全球成矿单元划分略图

成矿区带编号及名称：1—北美成矿区；2—格陵兰成矿区；3—欧洲成矿区；4—乌拉尔-蒙古成矿区；
5—西伯利亚成矿区；6—中朝成矿区；7—加勒比成矿区；8—地中海成矿带；9—西亚成矿带；10—喜马拉
雅成矿带；11—中南半岛成矿带；12—北科迪勒拉成矿带；13—安第斯成矿带；14—楚科奇-鄂霍茨克成矿
带；15—东亚成矿带；16—伊里安-新西兰成矿带；17—南美成矿区；18—非洲-阿拉伯成矿区；19—印度
成矿区；20—澳大利亚成矿区；21—南极成矿区

全球著名成矿域

据全球地质构造背景、板块构造特征及成矿特征，划分出劳亚、冈瓦纳、特提斯、环太平洋四大成矿域，以及北美、格陵兰、欧洲、乌拉尔-蒙古、西伯利亚、中朝、南美、非洲-阿拉伯、印度、澳大利亚、加勒比、地中海、西亚、喜马拉雅、中南半岛、北科迪勒拉、安第斯、楚科奇-鄂霍茨克、东亚、伊里安-新西兰、南极等21个巨型成矿区带（图6-1）。

1. 劳亚成矿域

劳亚成矿域展布于地球北部，横跨北

　　美洲、欧洲和亚洲三大洲，是世界最大的成矿域。成矿域地质构造背景复杂，以前寒武纪地块及叠加其上的显生宙沉积盆地和构造带为主，其次是显生宙造山带及新生代风化壳。

　　劳亚成矿域以天然气、煤炭、铁、钾盐、石油、铀、锰、铬、铅锌、镍、钨、钼、锑、金、银、磷、金刚石等的大规模成矿作用为特色，成矿时代贯穿整个地质年代，以古生代为主，中生代和元古宙次之，新生代和太古代又次之。该成矿域可进一步划分为北美成矿区、格陵兰成矿区、欧洲成矿区、乌拉尔-蒙古成矿区、西伯利亚成矿区、中朝成矿区等6个巨型成矿区带。

（1）北美成矿区

　　北美成矿区位于劳亚成矿域西部，东与格陵兰成矿区相望，西、南分别与北科迪勒拉成矿带和加勒比成矿带为邻，其展布范围包括北美大陆的大部分地区，在大地构造上包括北美地块的大部分地区和阿巴拉契亚造山带。该成矿区的主要矿产有铁、铀、铅锌、铜、镍、金、银、煤，其次是天然气、磷、金刚石、钾盐等，代表性矿床有加拿大的斯内克河BIF型铁矿床、拉布拉多BIF型铁矿床、麦克阿瑟河不整合型铀矿床、西加湖不整合型铀矿床、萨德伯里铜镍硫化物矿床、萨斯喀彻温蒸发岩型钾盐矿床，以及美国的阿巴拉契亚沉积煤矿床、德卢斯铜镍硫化物矿床、苏必利尔湖铁矿床、维伯纳姆带MVT型铅锌矿床等。

（2）格陵兰成矿区

格陵兰成矿区位于劳亚成矿域西部、北美洲东北部，其展布范围包括格陵兰岛及冰岛，西南、东南分别与北美成矿区和欧洲成矿区相望。在大地构造上，格陵兰岛的绝大部分为格陵兰地盾，属北美地块的重要组成部分，其东缘为古生代造山带；冰岛则主要由古生代褶皱带组成并位于大西洋中脊上。格陵兰岛80%的面积被冰层覆盖，在其西南海岸有菲斯科内赛特大型层状杂岩型铬矿床，此外，尚有铁、铜、铅、锌、钼、镍、铂、铀、钍、锆、铌、稀土、铍、石油、煤等矿产。冰岛的矿产资源相对贫乏。

（3）欧洲成矿区

欧洲成矿区位于劳亚成矿域中部，西与格陵兰成矿区相望，东、南分别与乌拉尔-蒙古成矿带和特提斯成矿域的地中海成矿带、西亚成矿带为邻。其展布范围为欧亚大陆西北部，包括乌拉尔山脉以西、特提斯成矿域以北的欧洲部分，在大地构造上主要由东欧地块及斯堪的纳维亚造山带组成。该成矿区主要矿产有钾盐、铁、锰、汞、石油、天然气，其次是铬、金刚石、磷、煤、银等，代表性矿床有白俄罗斯斯塔罗宾蒸发岩型钾盐矿床、俄罗斯库尔斯克BIF型铁矿床、乌克兰克里沃罗格BIF型铁矿床和尼科波尔沉积锰矿床、哈萨克斯坦卡沙甘油田等。

（4）乌拉尔-蒙古成矿带

乌拉尔-蒙古成矿带位于劳亚成矿域中东部，东北主要与西伯利亚成矿区相接，西、南分别与欧洲成矿区、中朝成矿区、西亚成矿带、喜马拉雅成矿带为邻。该成矿带地处欧亚大陆腹地，在大地构造上主要由乌拉尔造山带和天山-兴蒙造山带等组成。该成矿带主要矿产有天然气、石油、铁、锰、铬、铜、金、锑、磷、煤，其次是铀、银、钨、锡、铅锌、钼、汞等。代表性矿床有俄罗斯的乌连戈伊天然气田和波瓦尼柯夫天然气田，哈萨克斯坦的阿塔苏－卡拉扎尔沉积型锰矿床和肯皮尔塞蛇绿岩型铬矿床，中国的崖湾热液型锑矿床和大黑山斑岩型钼矿床，乌兹别克斯坦的卡尔马克尔斑岩型铜金矿床和穆龙套黑色岩系型金矿床等。

（5）西伯利亚成矿区

西伯利亚成矿区位于劳亚成矿域东北部，西、南与乌拉尔－蒙古成矿带相接，东与楚科奇－鄂霍茨克成矿带为邻。其展布范围包括中西伯利亚高原及泰梅尔半岛，在大地构造上属于西伯利亚地块。该成矿区主要矿产有煤、金、金刚石，其次是铜、锑、铅锌、镍、锰、钾盐等。代表性的矿床有俄罗斯的通古斯卡煤田、苏霍依洛克黑色岩系型金矿床、和平金伯利岩型金刚石矿床、诺里尔斯克铜镍硫化物矿床、涅帕蒸发岩型钾盐矿床、萨利克热液型锑矿床等。

（6）中朝成矿区

中朝成矿区位于劳亚成矿域东南部，北、西、西南与乌拉尔－蒙古成矿带、喜马拉雅成矿带、中南半岛成矿带相接，东与东亚成矿带为邻。其展布范围与包括中国中部和朝鲜半岛若干古老陆块的中国地块相当。该成矿区主要矿产有煤、铁、磷，其次是钨、钼、铅锌、铜、镍、金等。代表性矿床有中国的东胜－神府煤田、昆阳沉积磷矿床、鞍山－本溪BIF型铁矿床、金川铜镍硫化物矿床、金堆城斑岩型钼矿床、滦川矽卡岩型钨钼矿床等，朝鲜境内有著名的检德变质型铅锌矿床。

2. 特提斯成矿域

特提斯成矿域横亘于地球中部，地跨北美洲、欧洲、非洲、亚洲等四大洲，连接劳亚、冈瓦纳两大成矿域，构成地球的"腰带"，是世界最小的成矿域。成矿地质构造背景较简单，主要是显生宙造山带，其次是新生代风化壳，其展布范围与特提斯造山带的范围相当。

特提斯成矿域以锡、钾盐、铅锌、铝土矿、铜钼等的大规模成矿作用为特色，成矿时代以中新生代占绝对优势。该成矿域可进一步划分为加勒比成矿带、地中海成矿带、西亚成矿带、喜马拉雅成矿带、中南半岛成矿带等5个巨型成矿区带。

（1）加勒比成矿带

加勒比成矿带位于特提斯成矿域的最西端，东与地中海成矿带相望，北、西、南分别与北美成矿区、北科迪勒拉成矿带、安第斯成矿带、南美成矿区为邻。加勒比成矿带主要展布于加勒比海与大西洋之间的大安的列斯群岛及小安的列斯群岛，这些岛屿均为新生代形成的安山岩质的火山岛。该成矿带主要矿产有铝、镍、金，代表性矿床有牙买加圣安娜红土型铝矿床和曼彻斯特－克莱瑞顿红土型铝矿床、古巴莫亚湾红土型镍矿床、多米尼加普韦布洛维霍火山岩型金矿床。

（2）地中海成矿带

地中海成矿带位于特提斯成矿域的西段，西与加勒比成矿带相望，东与西亚成矿带相接，南、北分别与欧洲成矿区和非洲－阿拉伯成矿区为邻，其构造背景为阿尔卑斯造山带。该成矿带主要矿产有钾盐、铅锌、汞、磷、锰、铜，其次是铁、铬、镍、锡、钼、金、天然气等。代表性矿床有德国汉诺威－斯塔斯富特蒸发岩型钾盐矿床、斯洛文尼亚伊德里亚热液型汞矿床、摩洛哥乌拉德－阿卜墩沉积磷矿床和甘图尔沉积磷矿床、西班牙阿尔马登热液型汞矿床、意大利蒙特－阿米亚塔热液型汞矿床、波兰克拉科夫－西里西亚MVT型铅锌矿床等。

（3）西亚成矿带

西亚成矿带位于特提斯成矿域的中段，东、西分别与喜马拉雅成矿带和地中海成矿带相接，南、北分别与欧洲成矿区、乌拉尔－蒙古成矿带、非洲－阿拉伯成矿区、印度成矿区为邻。其展布的主体范围为伊朗高原。该成矿带主要矿产有钾盐、天然气、铜、钼，其次是铬、铁、锰、铅锌、钨、汞等。代表性矿床有土库曼斯坦沙特利天然气田、卡尔柳克－卡拉比尔蒸发岩型钾盐矿床、库尔茹尼热液型汞矿床，以及伊朗萨尔切什梅黑斑岩型铜钼矿床、俄罗斯特尔内奥兹矽卡岩型钨钼矿床。

（4）喜马拉雅成矿带

喜马拉雅成矿带位于特提斯成矿域的东段，西与西亚成矿带相接，北、东、南分别与乌拉尔－蒙古成矿带、中朝成矿区、印度成矿区、中南半岛成矿带为邻。其构造背景为喜马拉雅造山带。该成矿带主要矿产有铜、钼、铅锌，代表性矿床有中国的玉龙斑岩型铜钼矿床和金顶砂页岩型铅锌矿床。

（5）中南半岛成矿带

中南半岛成矿带位于特提斯成矿域的东南段，北与喜马拉雅成矿带相接，东、南、西分别与中朝成矿区、东亚成矿带、澳大利亚成矿区和印度成矿区为邻。在大地构造上属东南亚古陆，后者是冈瓦纳大陆分离北移部分，在古生代末及中生代初与欧亚大陆碰撞嵌接在一起并遭受中新生代构造－岩浆作用的叠加改造。该成矿带主要矿产有锡、铝、锑，其次是铅锌、银、钾盐等。代表性矿床有泰国拉郎－普吉砂锡矿床、马来西亚坚打谷砂锡矿床、印度尼西亚邦加岛砂锡矿床和西加里曼丹红土型铝矿床等。中南半岛东、西、南三面环抱的大陆架区是亚洲重要的油气带。

3. 冈瓦纳成矿域

冈瓦纳成矿域展布于地球南部，横跨南美洲、非洲、大洋洲和亚洲等四大洲，是世界第二大成矿域。成矿地质构造背景以前寒武纪地块及叠加其上的显生宙沉积盆地和构造带占绝对优势，其次是新生代风化壳。

冈瓦纳成矿域以石油、天然气、铝土矿、金刚石、铅锌、铜、镍、铁、金、铬、锡、铀等的大规模成矿作用为特色，成矿时代贯穿整个地质时代，以元古宙和新生代为主，太古宙和中生代次之，古生代又次之。该成矿域可进一步划分为南美成矿区、非洲－阿拉伯成矿区、印度成矿区、澳大利亚成矿区、南极成矿区等5个巨型成矿区带。

（1）南美成矿区

南美成矿区位于冈瓦纳成矿域的西部，东、南分别与非洲－阿拉伯成矿区、南极成矿区相望，西与安第斯成矿带相接。其展布范围与南美地块基本相当，包括除安第斯山脉以外的南美大陆。该成矿区主要矿产有铝、锡、镍、铀、铁、铅锌，其次是锰、铬、铜、金、石油等，代表性矿床有巴西铁四边形变质型铁矿床、卡拉贾斯变质型铁锰矿床、乌鲁库姆－木通BIF型铁锰矿床以及巴鲁阿尔托、尼克兰迪亚、韦尔梅柳、特隆贝塔斯等红土型铝土矿矿床。

（2）非洲－阿拉伯成矿区

非洲－阿拉伯成矿区位于冈瓦纳成矿域的中部，西、南、东分别与南美成矿区、南极成矿区、澳大利亚成矿区相望，北与地中海成矿带和西亚成矿带相接。其展布范围与非洲－阿拉伯地块基本相当，包括除阿特拉斯山脉以外的非洲大陆和阿拉伯半岛。该成矿区主要矿产有石油、天然气、金刚石、铜、铝、镍、铬、铅锌、金、磷、锰、铀，其次是铁、锡、锑、钾盐等。代表性矿床有沙特阿拉伯加瓦尔油气田、科威特布尔甘油气田、几内亚博克和图盖－达博红土型铝矿床、南非金伯利金刚石矿床和布什维尔德层状杂岩型铬镍矿床、南非卡拉哈里沉积锰矿床和维特瓦特斯兰德砾岩型金铀矿床、刚果（金）科尔韦济砂页岩型铜矿床、津巴布韦大岩墙层状杂岩型铬矿床。

（3）印度成矿区

印度成矿区位于冈瓦纳成矿域的东北部，西、南、东南分别与非洲-阿拉伯成矿区、南极成矿区和澳大利亚成矿区相望，北与西亚成矿带、喜马拉雅成矿带和中南半岛成矿带相接。其展布范围与印度地块基本相当，包括恒河以南的印度半岛。该成矿区主要矿产为铝、铁，其次是天然气、铬、铅锌、金等。代表性矿床有奥里萨、安德拉、潘其帕特马里、萨帕拉等红土型铝矿床，以及拜拉迪拉、伯拉杰姆达、比哈尔-奥里萨等BIF型铁矿床。

（4）澳大利亚成矿区

澳大利亚成矿区位于冈瓦纳成矿域的东南部，西、南分别与非洲-阿拉伯成矿区和南极成矿区相望，东北与中南半岛成矿带、东亚成矿带和伊里安-新西兰成矿带相接。其展布范围与澳大利亚地块基本相当，包括大分水岭以外的澳大利亚大陆。该成矿区主要矿产有铅锌、银、金、铀、镍、铝、锰，其次是铁、铜、钼、磷、金刚石等。代表性矿床有布罗肯希尔SEDEX型铅锌银矿床、芒特基斯铜镍硫化物矿床、哈默斯利变质型铁矿床、奥林匹克坝岩浆热液型铀铜金矿床等。

（5）南极成矿区

南极成矿区位于冈瓦纳成矿域南部，北与安第斯成矿带、南美成矿区、非洲-阿拉伯成矿区、印度成矿区、澳大利亚成矿区等相望，其展布范围包括整个南极大陆。南极成矿区的表面95%以上被大陆冰川覆盖，冰层平均厚度达2 000米。以南极横断山脉为界，东南极是一个古老的地盾，西南极则是年轻的火山活动区。南极大陆的矿产资源潜力大，除煤、石油、淡水外，可能还有丰富的铁、钼、铜、镍、铬、铂等金属矿产。

4. 环太平洋成矿域

环太平洋成矿域环绕太平洋周缘展布，地跨亚洲、大洋洲、北美洲和南美洲等四大洲。成矿地质构造背景主要是显生宙造山带及新生代风化壳。

环太平洋成矿域以铜、钼、金、银、镍、钨、锡、铅锌等的大规模成矿作用为特色，成矿时代以中新生代占绝对优势。该成矿域可进一步划分为北科迪勒拉成矿带、安第斯成矿带、楚科奇-鄂霍茨克成矿带、东亚成矿带、伊里安-新西兰成矿带等5个巨型成矿区带。

77

（1）北科迪勒拉成矿带

北科迪勒拉成矿带属于环太平洋成矿域的东环北段，西与楚科奇-鄂霍茨克成矿带、东亚成矿带相望，南与安第斯成矿带相接，东与北美成矿区、加勒比成矿带为邻。其大地构造背景为科迪勒拉造山带。该成矿带主要矿产有钼、铜、银、铅锌、金、石油、汞、钨、煤，其次是铀、镍、锰、磷等。代表性矿床有美国克莱梅克斯斑岩型钼钨矿床、亨德森-乌拉德斑岩型钼矿床、红狗SEDEX型铅锌银矿床，以及加拿大霍华兹山口SEDEX型铅锌银矿床、墨西哥瓜那华托火山岩型银矿床。

（2）安第斯成矿带

安第斯成矿带属于环太平洋成矿域的东环南段，西与东亚成矿带、伊里安-新西兰成矿带相望，北与北科迪勒拉成矿带相接，东与加勒比成矿带、南美成矿区为邻，其大地构造背景为安第斯造山带。该成矿带主要矿产有铜、钼、锡、银、金，其次是铁、铅锌、汞、锑、石油等。代表性矿床有智利楚基卡马塔斑岩型铜钼矿床和科亚瓦西斑岩型铜钼矿床，以及玻利维亚波托西火山岩型银矿床、委内瑞拉玻利瓦尔油田。

（3）楚科奇-鄂霍茨克成矿带

楚科奇-鄂霍次克成矿带属于环太平洋成矿域的西环北段，南与东亚成矿带相接，东与北科迪勒拉成矿带相望，西与西伯利亚成矿区、乌拉尔-蒙古成矿带为邻。其展布范围大致为俄罗斯勒拿河以东、鄂霍次克海以北地区，主要构造单元有前里菲期的古老地块、中新生代褶皱区以及现代构造活化带。该成矿带主要矿产有金、银、汞、铜等，代表性矿床有俄罗斯雅纳-科累马砂金矿床和杜卡特火山热液型银矿床。

（4）东亚成矿带

东亚成矿带属于环太平洋成矿域的西环中段，北、南分别与楚科奇-鄂霍次克成矿带和伊里安-新西兰成矿带相接，东与北科迪勒拉成矿带、安第斯成矿带相望，西与乌拉尔-蒙古成矿带、中朝成矿区、中南半岛成矿带等为邻。其展布范围包括西太平洋地区的日本、中国台湾、菲律宾群岛、加里曼丹岛以及中国华南南部地区，主要构造单元有西太平洋岛弧链、中国东南沿海陆缘火山-深成岩带及华南褶皱系。该成矿带主要矿产有镍、钨、锡、锑，其次是铬、锰、铜、金、汞、磷等。代表性矿床有菲律宾苏里高红土型镍矿床、印度尼西亚加格岛红土型镍矿床，以及中国的个旧矽卡岩型锡钨矿床、柿竹园矽卡岩型钨矿床、大厂锡石硫化物矿床、锡矿山热液层状型锑矿床、西华山岩浆热液型钨锡矿床等。

（5）伊里安-新西兰成矿带

伊里安-新西兰成矿带属于环太平洋成矿域的西环南段，北与东亚成矿带相接，西与澳大利亚成矿区为邻，东与安第斯成矿带相望。其展布范围包括西南太平洋的伊里安岛、新西兰北岛和南岛、澳大利亚大陆东缘褶皱带和塔斯马尼亚岛，构造背景主要为中新生代火山活动带。该成矿带主要矿产有金、镍，其次是铜、铅锌、铝、锡、钼、银等。代表性矿床有新西兰豪拉基火山岩型金银矿床、新喀里多尼亚戈罗红土型镍矿床、印度尼西亚格拉斯贝格斑岩-矽卡岩型铜金矿床、澳大利亚韦帕红土型铝土矿矿床等。

板块运动前瞻

如果今天的板块运动持续进行，5 000万年后大西洋会变得更宽，非洲会撞上欧洲，并将地中海关闭，澳洲将会撞上亚洲的东南，美国加州将会往北滑到阿拉斯加海岸。在未来几十亿年的时间里，大陆与大陆之间"分久必合，合久必分"的态势必将如以前一样持续下去。

板块运动前瞻

通过长期的地质研究，如今人类已经对地球的发展历史有了很深的了解；同时，随着科技手段的不断成熟和全球卫星系统的发展，人类又向前迈进了一步，就是通过对过去历史的认识进入到对未来的预测。

美国得克萨斯大学的地质学家克里斯多弗·斯科特斯运用电脑技术，描绘出了大陆漂移在过去更为详细的模拟图，同时，根据"超大陆旋回"理论，描绘出了未来至2.5亿年之后的地球外貌图，并对未来进行了大胆预测：在2.5亿年后，分散的大陆将再度漂移到一起，重新形成一个超级大陆，因为这个大陆非常像晚古生代时期的"盘古大陆"，因此又将它命名为"终极盘古"。但是这个超级大陆与其前身"盘古大陆"的完整性不同，它的中心还嵌着一个残留的印度洋。当然，在地质学家们看来，"终极盘古"绝对不会是最后一个盘古大陆，在未来几十亿年的

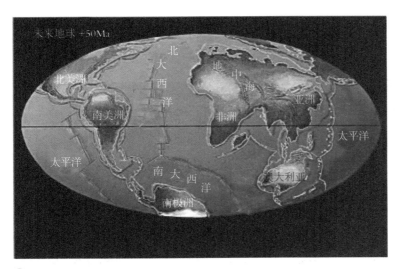

图7-1　5 000万年后全球海陆分布预测图

时间里，大陆与大陆之间"分久必合，合久必分"的态势必将如以前一样持续下去。下面，就让我们跟着这个大胆的预测看一下地球的未来将会如何发展。

根据这个理论，在大西洋和印度洋沿岸将出现新的俯冲带使各大陆开始聚合，许多大陆和微大陆预期将撞上亚欧大陆，就像"盘古大陆"形成时许多大陆撞击劳伦西亚大陆一样。

大约5 000万年后，北美洲可能向西移动，而亚欧大陆将向东移动甚至向南移

动，不列颠群岛将向北极靠近，而西伯利亚将南移到亚热带地区；非洲将和欧洲、阿拉伯半岛相撞，地中海和红海完全消失，一座新的山脉将从伊比利亚半岛开始延伸通过南欧形成新的地中海山脉，经过中东进入亚洲，甚至可能形成比珠穆朗玛峰更高的山；类似的相撞也会发生在澳洲和东南亚之间，新的俯冲带环绕澳洲沿岸和延伸到中印度洋；同时，南加州和下加利福尼亚半岛将与阿拉斯加相撞形成新的山脉（图7-1）。

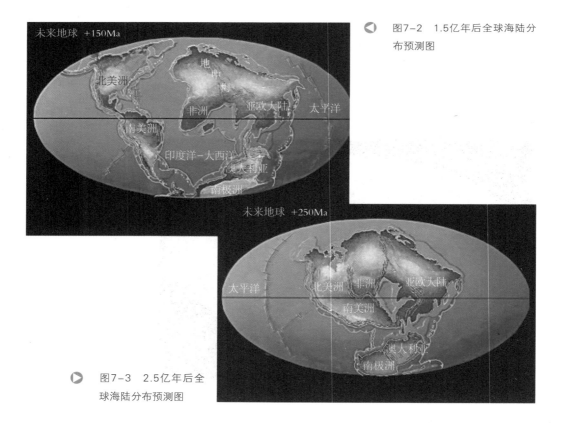

◀ 图7-2　1.5亿年后全球海陆分布预测图

▶ 图7-3　2.5亿年后全球海陆分布预测图

约1.5亿年后，大西洋将彻底停止扩张，并随着大西洋中洋脊进入俯冲带开始缩小，南美洲和非洲之间的中洋脊可能会先消失；印度洋也被认为会因为印度洋海底地壳在中印度洋海沟的隐没而缩小；北美大陆和南美大陆将继续向东南推进；非洲南部将通过赤道而全部漂至北半球；澳洲大陆将与南极洲相撞并到达南极点（图7-2）。

当大西洋中脊最后的板块分离区进入美洲沿岸的俯冲带时，大西洋将快速闭合消失，加速终极盘古大陆的形成。

2.5亿年后，大西洋和印度洋将消失；北美大陆与非洲大陆相撞，但位置会更偏南；南美大陆预期将重叠在非洲南端上；巴塔哥尼亚将和印尼接触，环绕着印度洋的残余海；南极洲连同拼接的澳洲大陆将重新到达南极点；太平洋将扩大并占据地球表面一半。至此，"终极盘古大陆"形成（图7-3）。

当然，相对于地球的历史演化来说这2.5亿年时间是短暂的，相对于行星的发展也是短暂的。根据现在的认识，地球的未来与太阳的发展有密切的关联。由于氦的灰烬在太阳的核心稳定地累积，太阳光度将缓慢地增加，在未来的11亿年中，太阳的光度将增加10%，之后的35亿年又将增加40%。气候模型显示抵达地球的辐射增加，可能会有可怕的后果，包括地球的海洋可能消失。

太阳在大约50亿年后将成为红巨星，有模型预测届时的太阳直径将膨胀至现在的250倍，大约1天文单位（149 597 871千米）。地球的命运并不很清楚，当太阳达到最大半径时，地球可能被太阳吞噬（图7-4、图7-5）；可是，最近的模拟显示，地球也有可能被推出太阳系。

▲ 图7-4　50亿年后我们的地球可能会被到时已经变为红巨星的太阳吞噬

▲ 图7-5　50亿年后地球可能被太阳"消化"

参考文献

[1]POLLITZ F F, 丁禾. 北美板块与太平洋板块的幕式运动[J]. 海洋地质译丛, 1989(03):1-7.

[2]WILSON M, 张春福, 朱茂旭. 板块运动机制问题[J]. 地质科学译丛, 1994(03):27-31.

[3]蔡东升, 卢华复. 板块运动的动力学解释[J]. 南京大学学报(自然科学版), 1995(02):344-349.

[4]曹帅, 张克亮, 魏东平. 全球板块运动及其对地球表面积变化的影响[J]. 地震, 2009(04):14-22.

[5]傅容珊, 林芬, 黄建华. 板块绝对运动及地幔热对流[J]. 地球物理学报, 1992(01):52-61.

[6]胡焕庸. 从板块构造看大陆漂移[J]. 自然杂志, 1979(01): 43-46.

[7]环文林, 汪素云, 时振梁, 等. 青藏高原震源分布与板块运动[J]. 地球物理学报, 1980(03):269-280.

[8]黄定华, 吴金平, 段怡春, 等. 从内核偏移到板块运动[J]. 科学通报, 2001(08):646-651.

[9]金双根, 朱文耀. 大西洋中脊现今扩张运动[J]. 科学通报, 2002(13):1027-1031.

[10]孔庆友. 地矿知识大系(下册)[M]. 济南:山东科学技术出版社, 2014.

[11]李春昱, 郭令智, 朱夏. 板块构造基本问题[M]. 北京:地震出版社, 1986.

[12]李启成, 景立平, 任常愚. 浅谈板块运动的外部力源[J]. 地球学报, 2008(02):241-246.

[13]李启成, 任常愚, 牛广林. 浅谈板块运动的动力[J]. 华南地震, 2007(01):38-44.

[14]李延兴. 地幔对流、地球自转速度变化与板块运动[J]. 地壳形变与地震, 1992(03):49-54.

[15]路甬祥. 魏格纳等给我们的启示——纪念大陆漂移学说发表一百周年[J].科学中国人,
    2012(17):14-21.

[16]孙付平, 赵铭. 现代板块运动的测量和研究——地球物理方法[J]. 地球物理学进展, 1998(01):2-7.

[17]孙付平, 赵铭. 现代板块运动的测量和研究:空间大地测量方法[J]. 天文学进展, 1995(02):132-142.

[18]谢鸣一, 谢鸣谦. 论板块运动的驱动力[J]. 地质科学, 1987(03):209-220.

[19]徐润华. 板块构造和矿物资源[J]. 铀矿地质, 1979(04): 80.

[20]叶正仁, 朱日祥. 地幔对流与岩石层板块的相互耦合及影响——(Ⅱ)地幔混合对流理论及其应用[J]. 地球物理学报, 1996(01):47-57.

[21]尹赞勋. 板块构造说的发生与发展[J]. 地质科学, 1978(02): 99-112.